U0383615

# 城市更新：理论、政策与案例

马　骏　等著

南京大学出版社

# 序

党的二十大报告提出要实施城市更新行动，这对我国城市发展提出了新的要求，城市更新将成为新时期我国城市发展的主要任务之一。许多发达经济体在第二次世界大战之后就开始了城市更新的相关工作，积累了一些宝贵的经验，也留下了一些教训，这给我国推动城市更新工作带来了启示。很显然，城市更新并不是对各类建筑设施简单修修补补，而是应该尊重产业发展规律，从城市中不同功能区有机组合的角度来思考城市更新相关问题。

改革开放之后，随着一系列限制性政策不断放开，我国城市进入高速发展期，全国城市人口规模、空间规模在短期内快速扩张。改革开放之前，我国很多城市并没有对城市空间进行科学合理规划，也没有想象到我国城市化速度如此之快，原有的基础设施、老旧小区都无法适应新形势下城市发展的需要。因此，我国很多城市面临的更新改造任务较为繁重。

中华人民共和国成立初期，为了快速建立工业生产体系，国家有关部门在很多大城市布局了大中型生产企业，员工社会福利由单位供给成为当时普遍的现象。随着国有企业改革不断深入，“单位制”逐步瓦解，一些家属区由于未能得到合理修缮，久而久之成为需要更新的“棚户区”。随着城市经济不断发展，城市中心区成了各类服务业的集聚区，这也要求对位于主城区的工业厂房进行更新。

当前，数字技术应用对我国城市中的商业活动产生了较大的影响，新的支付手段、新的交易模式以及新的推广渠道不断涌现，城市中的商业设施已经无法满足新兴商业模式的需求。私家车不断普及虽然提升了城市居民的通勤效率,但也使得人们对停车设施产生了更大的需求,而城市旧城区商场普遍存在停车位不足的问题。以上问题都需要通过市场化的手段对主城区的商业活动区域进行更新。

在城市快速发展过程中没有被征收转变为国有土地性质的"城中村",虽然为低收入者提供了低成本的居所,但是也面临着建筑水平低、安全隐患多等现实问题,"城中村"更新改造工作也是我国经济发达城市面临的一项重点工作。这需要各地在土地使用政策方面有所创新,为"城中村"更新改造创造有利条件。

国内外城市更新的案例表明,推动城市更新需要政策支持,更关键的是要解决资金来源以及处理好改造后的利益分配问题。这就需要坚持"谁受益、谁出资"原则,通过城市更新基金、运营权抵押等途径筹集资金。对于商业设施区域的更新,则需要把新业态引进作为更新工作的出发点,充分遵循商业规律,制订更新计划。对城市生活区域的更新,则需要充分考虑老百姓多方面的需求。

马骏博士等著的《城市更新:理论、政策与案例》对城市更新相关的诸多问题展开了深入分析,分别从概念内涵、政策演进、商业活动区域更新、城中村更新、老旧小区更新、办公楼宇更新、生产活动区域更新、城市硅巷建设以及数字技术赋能城市更新等角度展开论述,涵盖内容广泛,具有重要的理论价值与现实意义。特别乐意推荐给广大读者。

沈坤荣

2024 年 11 月 18 日

# 目　录

# 图表目录

# 第一章　我国城市更新的主要内容[①]

改革开放至今，我国实践着全世界速度最快的城市化进程，在较短的时间内，城市空间规模与人口规模都取得了较快的增长。随着人口城市化进程放缓，很多城市的边界已经不可能无限制扩大，城市旧城区的更新改造就成为城市建设的主要内容。近年来，“城市更新”成为热门话题并受到了学术界与实业界的广泛关注。但是，如何高质量推进城市更新则需要就城市更新的基本概念、参与主体以及主要模式进行研究。本章节将就上述问题展开讨论。

## 第一节　城市更新的背景与意义

事实上，城市更新是城市发展过程中一直存在的客观情况，它贯穿于城市发展的各个阶段：一方面，随着时间的推移，城市中的产业不断变迁，既有建筑无法适应新的经济形态的要求，这就需要对城市中的老旧建筑进行更新；另一方面，规划建设水平不断提高以及既有建筑逐渐老化，使得城市中较早建设的区域面临更新改造的状况。

### 一、城市更新的背景

从城市建设顺序的角度看，城市中一个区域的发展都会经历三个阶

---

① 本章节部分内容发表在《学习与探索》2021 年第 7 期。

段的变化。首先是大规模开发建设阶段，在这个阶段，城市建设者在当时的规划设计水平下，根据城市经济发展情况以及城市居民的需求布局各类商业中心、住宅区以及工业生产等区域；其次，随着时间推移，较早开发的区域中建筑物逐渐老化，在这个阶段，修建大型城市基础设施（如地铁、快速路等）使得新城区扩张变得更加容易，很多对居住品质有较高要求的城市居民逐步搬离旧城区，旧城区逐步衰败；最后，随着城市居民对通勤时间的忍耐进入极限状态，很多居民期待“重回主城”，城市旧城区开始进行“城市更新”，旧城区开始重新繁荣。所以，城市更新是一个伴随着城市不同区域发展顺序差异而产生的动态问题。不仅如此，由于旧城区规划建设水平跟不上城市经济发展的需求，也无法满足人们对高品质生活的向往，旧城区还会面临以下三个迫切需要解决的问题。

一是城市交通拥堵问题严重。由于老旧城区当初建设时，整体规划没有考虑到城市机动车数量爆发式增长，城市道路建设水平较低，再加上管理失位、违章建筑占据道路，一些老旧城区很容易形成大规模交通拥堵。不仅如此，很多城市旧城区的路网不完善、路网密度较低、断头路较多，导致车流微循环不畅并且对外交通也不顺畅。交通问题伴随而来的就是消防问题，如果发生火灾，消防车不能第一时间赶到，那么对于建筑密集的旧城区来说将是致命的。事实上，不仅旧城区内部交通拥堵情况难以解决，新城区与旧城区之间交通也不顺畅。由于很多商业中心、医疗机构以及政府机关建筑的不可移动性，很多企业与居民区虽然分布在新城区，但是城市居民需要在新旧城区之间通勤，这使得城市中新旧城区之间交通愈发拥堵。

二是旧城区商业衰落。由于旧城区居住环境无法满足人们对美好生活的向往，很多居民会搬至新城区生活，居住人口数量下降会影响旧城区商业发展，很多商店因为“门槛效应”而不得不逐渐走向衰败。近年来，随着私家车的普及，人们出行方式的变化对商业中心的停车便利性与可达性提出了新的要求。旧城区很多商业设施由于建设年代久远，不管是停车场之类的基础设施还是内部管理水平，都已经无法满足人们的需求，从而逐渐走向衰败。

三是旧城区社会治理存在风险。过快的城市化进程往往会形成贫民窟，在除中国以外的发展中国家与发达国家中，都或多或少地存在着贫民窟。中国由于户籍制度、土地制度以及城市管理三方面的因素共同推动，在中华人民共和国成立初期就基本消除了贫民窟。但是，我国很多城市存在“棚户区”以及城中村，其居住人口多为流动人口且人口密度较大，给社会治理带来了挑战。这样的地带亟须进行全面的城市更新，包括硬件设施的更新、管理人员的到位以及治安管理的覆盖，以维护整个城市的安全稳定。

商业衰败、交通拥堵问题严重、住房条件恶劣以及社会治理风险增大等问题是我们当前需要进行城市更新的几大重要原因，也是城市更新的几大主要方向。进入新的发展阶段，城市更新将会从零散的、问题导向型的更新转向整体性的规划设计与全面更新阶段。城市更新不仅将改善人们的生活环境与生存条件，而且将是促进产业升级、实行商业中心业态调整的契机，从而推动城市的可持续发展。

## 二、城市更新对我国经济发展的意义

正如上文所述，城市更新不仅是我国城市发展过程中积累的问题所导致的必然要求，而且是实现我国城市高质量发展的必然要求。在新的发展阶段，实施城市更新具有以下五个方面的意义。

第一，城市更新是实现城市居民对美好生活向往的必要途径。城市高质量发展的根本目标就是满足城市居民对美好生活的向往，这就需要给城市居民提供一个安全宜居的生活环境。城市更新可以持续提升城市活力、繁荣城市文化、促进城市生态文明建设以及改善人文环境，尤其是改善居住在“棚户区”与城中村城市居民的生活水平。因此，城市更新会促进城市居民生活质量的提高，从而有助于实现“以人为核心”的新型城镇化建设。

第二，城市更新能够提升城市经济发展的质量。城市更新不仅仅是对建筑物的外表进行更新，还包含对基础设施的更新。城市更新之后，很多新产业或者高附加值产业将重回主城，这将使得城市中心旧城区的面貌焕然一新。城市更新优化了城市土地资源配置、提高了用地综合效益，使得城市的人口承载力与资源产出效率得到提高，有利于提升城市经济发展的质量。

第三，城市更新为各类城市推动创新驱动发展战略提供支撑。在新的发展阶段，创新驱动已经成为引领城市发展的第一动力，这就需要通过城市更新释放旧城区的空间载体，引入创新产业或者创意产业，实现城市经济进一步发展。在更新之后，旧城区可以利用科研院校的研发优势，吸引各类人才在更新后的载体从事创新创意工作，打造产业智慧化、跨界融合化的新业态。

第四，城市更新可以促进对城市历史文化的保护与传承。高水平的城市更新都是在传承城市文脉、历史和文化的基础上进行的。对衰败的历史街区的保护，可以让城市悠久的历史文化遗存有机地融入现代城市生活，唤醒城市居民对城市发展历程的记忆。

第五，城市更新是实现高水平社会治理的前提。通过城市更新，城市中旧城区基础设施建设水平将得到提升，有利于城市的消防、养老等一系列公共服务设施的重新布局。不仅如此，在城市更新过程中，还可以通过加装监控等新型基础设施，提升社会治安水平。

## 第二节　城市更新的概念内涵

“城市更新”这一概念最早是1958年在荷兰首届世界城市更新大会上提出的。此后，发达国家在半个多世纪的城市更新实践与探索中积累了多方面的经验。在这一发展过程中，城市更新的主要任务已经从最初的“拆旧建新”“消灭贫民窟”等发展到了在综合性规划的前提下对存量城市资产的功能改造和价值再发现。城市更新更多地被赋予了修复城市经济、协调经济与社会发展关系等方面的意义，人文、社会因素明显地被加入了城市更新的目标中。本节从产业发展的角度对城市更新的概念内涵进行探讨。

### 一、关于城市更新已有的讨论

西方国家城市化进程较早，因此也就很早地面临了城市更新的问题。国外学者对城市更新的概念进行了探讨。Couch 认为“城市更新是对当前城市蔓延和老城区衰败问题的一种响应和应对策略”。① 英国学者 Bianchini 将城市更新形容为“涵盖经济、环境、社会、文化、象征

① COUCH C. Urban renewal: theory and practice [M]. London: Macmillan, 1990.

和政治层面的复合概念”。[①] Roberts 和 Sykes 从城市更新的目标出发，认为城市更新是“用一种综合的、整体性的观念和行为来解决各种各样的城市问题；致力于在经济、社会、物质环境等各个方面，对变化中的城市地区做出长远的、持续性的改善和提高”。[②]

近年来，国内学者也从规划学与建筑学的角度对城市更新的概念进行了探讨。吴炳怀认为我国城市更新的任务是“整治和改善旧城区道路和市政设施系统，使旧城区适应现代化城市交通和各项现代城市基础设施的需要”。[③] 他指出城市更新就是要顺应城市建设改造的自然之理和本质规律，走出符合我国实际的整体更新改造之路。于今从城市更新方式及内容的角度出发，认为城市更新是指“对城市中某一衰落的区域，进行拆迁、改造、投资和建设，使之重新发展和繁荣。它包括两方面的内容：一方面是客观存在实体（建筑物等硬件）的改造；另一方面为各种生态环境、空间环境、文化环境、视觉环境、游憩环境等的改造与延续，包括邻里的社会网络结构、心理定势、情感依恋等软件的延续与更新”。[④] 廖开怀结合 3R 理论，从可持续的角度定义城市更新。他将可持续的城市更新定义为“减少”“再利用”与“回收”三个方面：“减少”是指在城市更新过程中减少资源的过度消耗，同时减轻快速消费的负面影响；“再利用”是指对现有建筑物进行潜在的多功能使用，而不是进

---

① BIANCHINI F, PARKINSON M. Cultural policy and urban regeneration: the west european experience [M]. New York: Martin's Press. 1993.

② ROBERTS P W, SYKES H. Urban regeneration: a handbook [M]. London: SAGE Publications, 2000.

③ 吴炳怀. 我国城市更新理论与实践的回顾分析及发展建议 [J]. 城市研究, 1999 (5): 46-48.

④ 于今. 城市更新：城市发展中的新里程 [M]. 北京：国家行政学院出版社, 2011.

行重大的改造；“回收”是指振兴功能失调的建筑物或地方使之符合其他的功能用途。[①] 秦虹、苏鑫从城市发展阶段的角度出发，认为“城市更新是在城市郊区化之后，针对城市内城或中心城区出现的空心化现象，通过内城复兴计划或城市再开发等活动，将经济发展和城市建设重心重新转向城市中心城区”，并指出城市更新的目标为“重新吸引市民与游客，让金融财务机构变得发达，繁荣经济活动，增加就业机会，美化和改善城市市容，完善城市基础设施，恢复旧城区的活力，最终使城市变得更有生机和竞争力”。[②] 刘大山认为城市更新包含了城市活化、城市再生、城市复兴、城市双修等概念，是一种由外及内的纲领性战略。对城市而言，建筑设施的出新整治只是“表”，在此基础上重塑城市空间、调整产业结构、补齐功能短板才是真正有价值的“里”。[③] 赵亚博、臧鹏、朱雪梅认为城市更新将伴随城市发展的整个过程，它是对城市中衰落区域进行重建、整治和功能改变的目的性行为。[④]

国内外的研究都从各自的角度对城市更新进行了研究，主要围绕以下几个角度展开了论述。

第一，从城市规划学科的角度对城市更新进行分析，此类论述具有代表性的是沿着吴良镛先生提出的城市有机更新理论出发，研究城市更新中的城市生命机理等问题。有机更新理论在规划建筑等学科具有广泛的影响力，其雏形起源于1979—1980年由吴良镛先生领导的什刹海规

---

① 廖开怀，蔡云楠. 近十年来国外城市更新研究进展［J］. 城市发展研究，2017，24（10）：27-34.

② 秦虹，苏鑫. 城市更新［M］. 北京：中信出版集团，2018.

③ 刘大山. 城市更新，要从观念更新开始［N］. 南京日报，2019-10-25（A03）.

④ 赵亚博，臧鹏，朱雪梅. 国内外城市更新研究的最新进展［J］. 城市发展研究，2019，26（10）：42-48.

划研究，该理论及其随后的发展对于我国老旧城区的发展具有现实的指导意义。这一理论主张“按照城市内在的发展规律，顺应城市肌理，在可持续发展的基础上，探讨城市的更新与发展”。吴良镛教授提出，无论从城市到建筑，还是从整体到局部，城市都如同生物体一样是有机联系、和谐共处的整体。[①]

第二，分析探讨城市更新中如何处理相关利益这一难点，这类研究主要是从产权角度出发，强调城市更新中需要明晰产权、降低交易成本以及平衡好多方的利益。同时，有些文献就参与城市更新的主体是政府还是私人资本展开了探讨。在我国，由于特有的土地制度，很多大城市在旧城改造中普遍存在产权不清晰、原居民多样化、城中村难治理等问题。当然，2019年下半年修订的《中华人民共和国土地管理法》（以下简称《土地管理法》）以及2020年3月30日出台的《中共中央、国务院关于构建更加完善的要素市场化配置体制机制的意见》[②] 在集体土地入市流转方面已经做出新的规定，学术界也展开了系列研究，这为以后推进多种产权条件下的城市更新创造了条件。

第三，分析探讨城市更新给城市发展带来的收益。这类研究认为，城市更新可以繁荣经济活动、改善经营环境并进而提高旧城中的土地效益，同时还能解决城市产业空心化的问题，并且能够带来就业的扩张，提高居民收入。比如，第二次世界大战之后，欧美各国政府为了集中清理城市中心的贫民窟，改善居住环境，促进经济发展，进行了自上而下的大规模拆除和重建，这种重建主要以推倒建筑物改善物质条件为主。

---

① 吴良镛. 北京旧城与菊儿胡同［M］. 北京：中国建筑工业出版社，1994.

② 该意见全文参见：http://www.gov.cn/zhengce/2020-04/09/content_5500622.htm。

第四，分析探讨城市更新的原因以及主要内容。这类文献研究主要从建筑物与基础设施老化、城市生态环境重建以及城市的产业结构等角度研究了城市更新的原因以及主要内容。有的文献也从城市的资源利用与可持续发展的角度进行了分析。

国内外现有的研究对城市更新的起源、城市更新的基本概念与理论依据以及城市更新的模式都进行了分析，但依然存在以下可以改进的方向：第一，城市更新应该与城市发展的规律结合起来，城市发展本身具有阶段性、规律性，在不同的阶段城市更新的目的要求不同；第二，城市更新应该与城市发展的目标结合起来，在现阶段中国城市高质量发展应该成为城市更新的根本目标；第三，城市更新的研究除涉及建筑学科、规划学科以外，应该突出经济学学科视角的研究。

## 二、城市更新的概念内涵

国际上大多数国家的城市更新行动已不再单纯着眼于建筑物更新，而是更综合地着眼于就业、教育、社会公平等社会发展的目标。因此，城市更新不再是简单地拆除重建，而是注重对存量建筑的人文、历史、社会等方面价值的再开发，对更新对象整体环境的改造和完善。而且，从城市产业发展多角度看，随着科技进步与产业迭代，原有的建筑、规划将无法满足新的经济形态和产业发展的需求，城市更新是根据该地区在当前以及未来的产业特点进行的改造更新。

自从荷兰城市更新第一次研讨会召开之后，关于城市更新的概念前后出现过五个不同的表述，分别是城市重建（Urban Renewal）、城市再开发（Urban Redevelopment）、城市振兴（Urban Revitalization）、城市复兴（Urban Renaissance）与城市更新（Urban Regeneration）。

这五个不同的表述既反映了城市更新的阶段性特征，也反映了学者对于该定义存在不同的认知角度。比如董玛力等将西方城市更新的历程划分为四个时间段，分别是20世纪60年代之前、20世纪60—70年代、20世纪80—90年代以及20世纪90年代后期，其总结的城市更新在四个阶段的基本特点分别是：推土机式的重建、社区更新、旧城开发与社区复兴。① 同济大学丁凡、伍江两位学者对城市更新相关表述的演进做了系统梳理，本书比较同意其对于城市更新不同阶段的划分以及分析。

**表1-1 城市更新在不同阶段的表述②**

| 城市更新的表述 | 时间段 | 术语侧重点 |
|---|---|---|
| 城市重建（Urban Renewal） | 二战后 | 推土机式大拆大建 |
| 城市再开发（Urban Redevelopment） | 20世纪50年代 | 一般指政府与私人机构联合开发 |
| 城市振兴（Urban Revitalization） | 20世纪70—80年代 | 给城市赋予新生 |
| 城市复兴（Urban Renaissance） | 20世纪80—90年代 | 带有乌托邦色彩的城市理想 |
| 城市更新（Urban Regeneration） | 20世纪90年代之后 | 针对城市衰退进行城市再生 |

注：作者略有修改。

为了更好地开展我国新时代城市更新工作的实践与研究，需要对城市更新研究中的多种表述进行辨别，弄清楚城市更新的根源与起因。为此，需要从三个方面来把握城市更新的内涵。

第一，要把握城市化与工业化之间的关系，从工业化与城市化之间

① 董玛力，陈田，王丽艳. 西方城市更新发展历程和政策演变［J］. 人文地理，2009，24（5）：42-46.

② 丁凡，伍江. 城市更新相关概念的演进及在当今的现实意义［J］. 城市规划学刊，2017（6）：87-95.

的互动关系认知城市更新。经济学的研究普遍认为，城市化是由工业化推动的，城市化是工业化的结果但也反作用于工业化。随着人类技术的进步，生产方式与生活方式也会发生改变，工业化的进程在全世界各经济体及其不同的发展阶段均表现出不同的特征，因此，城市更新既是一个静态概念，更是一个动态概念。我国长期以来实施以信息化带动工业化发展的战略，可以说，我国的工业化生产方式发生的变化比任何发达经济体都更快，技术进步推动了我国各个行业生产方式的快速改变，部分城市中心的老旧工业逐步向高新技术产业转变，高排放、高污染、高能耗企业被逐渐淘汰或者迁到城市外围和郊区，市区承接了转型升级后的新产业。由于产业的发展速度超过了规划建设的速度以及城市功能升级的速度，原有的基础配套设施和公共设施已经无法适应新产业的发展。若不加以升级更新，城市土地的利用效率将降低，导致土地供给不足的矛盾进一步被激化，新产业将不能得到良性成长。

第二，要充分认知城市对于经济发展的重要意义，从城市的本质去认知城市更新对于城市高质量发展的意义。从城市地理学的角度看，城市一般被定义为具有一定规模的工业、交通运输业、商业集聚的以非农人口为主的居民点，但是从经济学上看，城市应该是人流、物流、信息流和资金流的聚集地，并且是一个地方的经济中心、市场中心和信息中心。① 城市需要为人口的流动提供生存与活动的空间，为物质的运输提供交通设施，为信息的传递提供基础网络设施，为资金的运作提供金融机构和市场环境。随着城市功能的不断调整以及产业结构的升级，从生产型城市向高端生产性服务业城市转变的规律，不仅在国外城市发展的

① 洪银兴，陈雯. 城市化要突出功能提升 [J]. 中外房地产导报，2001（5）：16.

实践中得到了证明，也会引领我国城市下一步的发展。改革开放以来，我国工业化历程伴随而来的以加工制造业为主的产业集聚促进了城市人口的集聚，有力地带动了我国城市化的发展。但是从城市产业发展的角度来看，随着城市化进程的不断加快，我国东部及沿海发达地区逐步进入后工业化时期，城市面临产业结构提档升级的需要，我国东部地区城市面临的城市更新的任务会越来越重。

第三，要充分认知各类基础设施建设对于城市的重要意义，从城市治理的角度开展城市更新工作。城市的传统基础设施能够补足城市不同区域发展的短板，城市的新型基础设施能够增强城市的功能。城市的快速发展固然非常重要，在追求城市规模变大的同时，城市的老城改造更具有现实意义。城市更新有助于城市的“网格化”管理，有助于弥补公共治理的缺失，有助于提升城市治理能力，有助于完善城市治理体系。

综上所述，城市更新的根源和起因在于科技进步引致的产业发展和人的需求的增长与城市原有的功能不相匹配。当城市产业和人口的发展速度超过了原有的规划建设水平，与现有的地理空间水平不相适应的时候，通过城市更新可以改善土地的利用方式，提高土地的利用效率，为城市经济发展释放新动能。

“Urban Regeneration”被定义为一个地区扭转经济、社会和物质衰退的完整过程，它是相对于“城市衰退”概念而言的城市更新。由此可见，“Urban Regeneration”的内涵更加全面，也较符合我国城市更新的现状。结合上述分析，城市更新可以被定义为使得城市功能更好适应科技进步引致的产业升级换代以及居民增长的美好生活需要的一系列规划和行动，其根本目的是保持城市持久竞争力；它旨在解决原有的城市配套不能满足现有需求的问题，并兼顾经济、社会、文化、环境等多方面的因素，是一个全面、综合、协调的过程，追求城市的绿色、健康、活力、可持续的高质量发展。

## 第三节　城市更新的主要方向

城市更新从传统意义上可以归为以下三类：拆除重建类、有机更新类与综合整治类。但是，建筑物的更新方式受到了土地用途的影响，不同土地性质上的建筑物更新的方式与主体均有不同，这也影响了新产业的引入以及投融资工作的展开。所以，本节将城市更新的主要方向分为四类，分别是工业生产区域的城市更新、居民生活区域的城市更新、商业办公区域的城市更新以及基础设施领域的城市更新。

### 一、工业生产区域的城市更新

城市作为人流、物流、信息流以及资金流的载体，承担了促进产业发展和提高居民生活水平的重要使命。城市需要为人口提供生存与活动的空间，为物质的运输提供交通基础设施，为信息的传递提供网络设备，为资金的运作提供机构和市场环境。城市化与工业化的联系尤为紧密，可以说，城市化是工业化的必然结果。改革开放后，工业化伴随而来的以加工制造业为主的产业集聚促进了城市人口的集聚，有力地带动了我国城市的发展。从城市产业发展的角度来看，随着城市化进程不断加快，我国东部及沿海发达地区逐步进入后工业化时期，城市面临产业结构提档升级的需要。

技术进步推动了工业生产方式的改变，使得我国的工业发展步入了新阶段。高排放、高污染、高能耗企业被逐渐淘汰或者迁到城市外围和郊区，部分城市中心城区的老旧工业逐步向高新技术产业转变，市区承接了转型升级后的新产业，各类低污染的智能制造企业得以在市区留存下来。由于产业的发展速度超过了城市功能升级的速度，原有的建筑水平已经无法适应新产业的发展，若不加以升级更新，城市土地的利用效率将降低，导致土地供给不足的矛盾进一步被激化，新产业将不能得到良性成长。工业化的新特点以及新的产业需求催生了城市功能结构性重组的需要，对于城市更新的影响主要体现在以下三个方面。

第一，工业生产的智能化和信息化引发厂房更新需求。随着科技的进步，以大数据、物联网、云计算、人工智能为特征的信息技术革命为传统制造业赋予了新的动能，制造业向着智能化、数字化、信息化的方向不断转变。信息化不仅推动了高新产业的崛起，而且对传统工业进行了改造，表现为优化企业的生产组织方式、大量降低物资消耗和交易成本、提高企业的生产效率等。其中，人工智能既能实现机器的自我诊断，也能进行应用数据的可视化分析，在工业领域的应用范围越来越广泛，普及程度越来越高。因此，工业生产信息化与智能化对实现我国经济发展方式转变具有重要推动作用。机器人与制造业的结合将人们从简单重复的劳动中解放出来，也对旧厂房重新的功能划分和改造施工提出了要求。因此，各大城市需要对原有的旧厂区进行更新，盘活产能落后、设备陈旧的闲置厂房和楼宇，配套软件研发中心、IT 培训中心、众创空间、科技成果展厅、会议中心等一系列服务，使之改造为高科技产业园区。

第二，工业生产集约化引发厂房更新需求。传统工业生产厂房往往容积率较低，土地浪费现象较为严重。厂房更新可以在老旧厂房的基础上进行升级再利用，以满足不同层次的功能需求。由于物理空间的有限

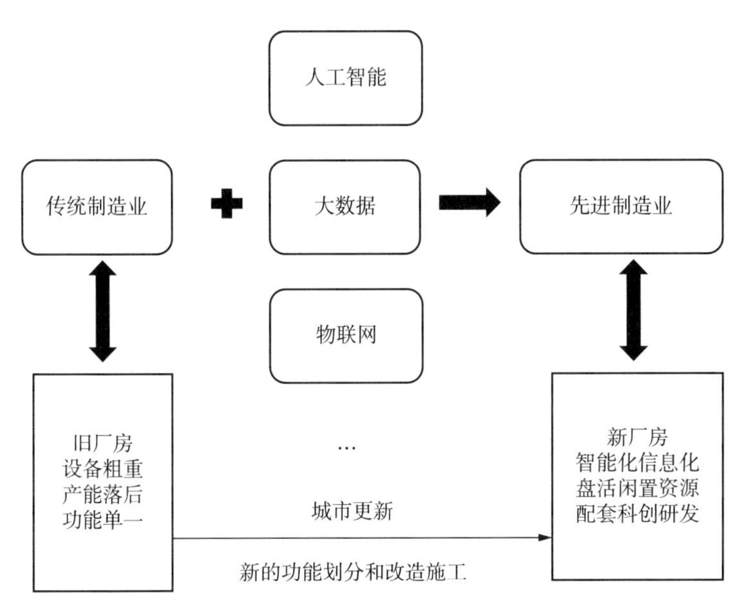


**图 1－1　工业生产的智能化和信息化引发厂房更新需求**

性，从老旧厂房到多层、立体厂房的转变应被纳入城市更新的考虑范围。一类改造是建立多层厂房，使有限的土地发挥更大的功用，它主要适用于轻工业。这类厂房的特点为生产在不同标高楼层上进行，设备布局需要兼顾每层之间水平和垂直方向的联系。厂房内部的垂直运输以电梯为主，水平运输以电瓶车为主。另一类改变是打造形式多样的厂房协同体。譬如将多功能活动空间等新型配套融入厂房内部，处理好旧车间和新研发中心之间的通道和纽带，打造完整和谐的建筑立面，提高空间利用率。

第三，专业化分工与人才结构的优化引发厂房更新需求。城市之间及城市内部交通体系的日趋完善减少了地理区位对产业发展的约束，也加强了地区经济的对外联系，进而优化了产业布局，促进了城市间和城市内部的专业化分工。例如，随着城市功能的不断调整以及产业结构的不断升级，旧城区的用地结构向以第三产业为主的中心商务区转变。金融机构、会计师事务所与律师事务所等生产性服务业，以及以软件和信息技术服务业为代表的新兴生产性服务业成为城市中的主导产业，满足居民美好生活需要的生活性服务业的增势也较为强劲。因此，需要为第三产业的发展寻找空间，这就需要通过工业生产区域“退二进三”，建设综合办公楼宇、大型超市、购物广场、休闲度假中心、综合娱乐设施等项目促进第三产业的发展，从而有利于优化产业结构，提高人民生活水平，优化城区环境质量。此外，为了满足新型人才、高端人才的需求，工业园区也需要配备一定比例的生活、社交、休闲等综合配套服务，以上内容也成为工业生产区域城市更新的任务之一。

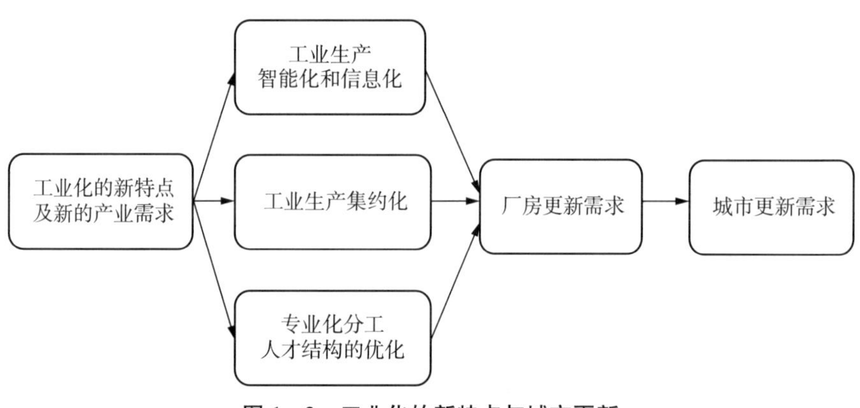


**图 1－2 工业化的新特点与城市更新**

综上所述，工业化的新特点包括工业的智能化、信息化、集约化、专业化等，以及新的产业需求，使得城市中工业生产区域的更新刻不容缓。

## 二、居民生活区域的城市更新

我国各大城市在发展初期，为了满足涌入城市的人口的居住需求，往往会因地制宜地建设一些住宅小区，这些住宅小区大多建设于20世纪80年代，不仅设计陈旧而且建筑质量不能与新时期的建筑同日而语。例如，很多老旧小区没有安装电梯，不利于老龄人口生活，在我国人口老龄化率不断提高的背景下，推动老旧小区适老化改造非常迫切。再比如，很多老旧小区停车位缺乏、道路狭窄，造成老旧小区周边违停现象等。

此外，我国城市快速化发展过程中产生的城中村以及棚户区需要进行更新。我国的城市化进程在较短的时间内实现了较快的发展，这使得许多城市中依然存在棚户区与城中村，而城中村的更新改造还涉及我国现行的土地制度问题。

城中村是伴随着城市发展和城市化进程加速而逐步形成的一类特殊的村落。城市的快速发展使得中心城区土地资源匮乏的问题日益凸显，继而导致城市的边界不断向外拓展延伸，市区周边的部分村落及其耕地便融入了城市规划发展的片区。由此，部分村落成了城市的一部分，也就是所谓的城中村。成得礼将城中村界定为"城市边缘地带或城市建成区内，集体土地大部分被转化为国有土地，但仍持有部分非农建设用地；兼具城市的某些特征和功能，但仍然保持着农村社区的外观形态、人际网络、管理模式、历史文化及生活方式的特殊社区"。①

城中村尽管在地域上被纳入了城市范围，但其土地性质依然为集体土地，所以依旧保留着传统农村的管理体系、生产分配方式、生活观念等。尤其是在管理上，村委会和村集体组织的管理较为松散，无法适应城市高效管理的要求，对城市的市容卫生、社区环境造成一定的威胁。由于长三角、珠三角地区以及其他东部沿海省份经济活跃、制造业发

---

①　成得礼. 对中国城中村发展问题的再思考——基于失地农民可持续生计的角度 [J]. 城市发展研究，2008 (3)：68－79.

达、土地供需矛盾尖锐，很多靠近主城区的村集体较早地在村集体土地上建设厂房、商业设施等，在城市扩张过程中这些厂房与设施没有及时进行拆迁安置而被保留下来，被包含在国有土地建设范围之中，这些地区的城中村问题较为突出。城中村改造有利于优化城市整体面貌，促进城市科学发展，提高城市管理水平，提升城市整体功能，改善人居环境，促进土地资源的优化整合和合理配置，提高土地利用率和产出率。

棚户区的改造也是当下我国城市发展中比较迫切需要解决的问题。棚户区是城市中结构简陋、抗灾性弱、居住环境差以及功能低下的老旧房屋集中的地方。棚户区的形成具有历史的原因，这是因为我国很多城市居民的住房是国有企业分配的福利房，这些大型国有工矿企业的职工分配住房长期以来因为企业改制搬迁的原因，缺乏足够的资金进行修缮更新，久而久之成了棚户区。

随着时间推移，棚户区改造的难度越来越大。改造的难度不仅仅体现在拆迁补偿资金的难以平衡上，还表现在棚户区往往是低收入者或者外来打工人口的集中居住地，这些人还存在着拆迁改造后即将面临失业的问题。所以改造棚户区也迫在眉睫。

### 三、商业办公区域的城市更新

城市发展进入城市现代化阶段，信息流、人流与资金流不断向城市中心汇集，城市中心区域土地价格与房租不断上升，使得城市管理者对土地单位面积的产值与税收提出了越来越高的要求。同时，随着新技术的崛起，城市中的商业交易方式出现了较大的变化，原本从事商业活动的区域从经营模式到物业形态都需要不断地升级换代。

首先，当一个城市逐步成为信息流、人流与资金流的中心，高端生产性服务业往往会向城市集中，诸如金融业、律师行业、会计师事务所、设计事务所等行业会逐步集聚。高端生产性服务业具有高附加值、较高的集聚性以及较高的人均产出，同时也需要发达便利的公共交通以打通与其服务对象的连接。此类行业往往分布在市中心高档写字楼宇，楼宇经济逐步成为城市中心的主要经济表现，这就需要对原有的商业办公环境进行改造升级，以适应高端生产性服务业的需要。

其次，随着互联网与移动支付手段的兴起，人们对于商业交易的消费方式正在逐步转变，传统的大市场等交易方式不断衰落，需要对商业进行改造升级。许多城市传统的大卖场或者小商品集散地等商业形式正在逐步消亡。以南京市为例，玉桥市场曾经一铺难求甚至一柜难求，但是随着新型电子商务消费模式的兴起，这类商场已经难以重现当年的繁荣，不得不走向转型①。

最后，随着城市不断地扩大，城市里大多数居民居住在距离市中心较远的地方，人们的出行方式越来越多依赖于公共交通或者自驾等通勤手段。其带来的主要问题是人们单次出行的通勤时间成本不断上升，这自然引发了人们希望单次通勤能够满足一站式购物的需求。事实上，大城市发展阶段的历史局限性导致了城市内公共停车位的缺乏，国内许多城市公共停车位的缺口高达几十万。随着交通出行方式的变化以及对一站式购物需求的增长，传统商业中心需要进行更新，以提供充足的停车位以及一站式的购物、娱乐、餐饮等服务。

---

①　蔡雷，刘梦茜. 互联网影响下城市专业批发市场的空间重构研究——以南京玉桥市场为例［C］//中国城市规划学会. 规划 60 年：成就与挑战——2016 中国城市规划年会论文集（06 城市设计与详细规划）. 北京：中国建筑工业出版社，2016：1739－1750.

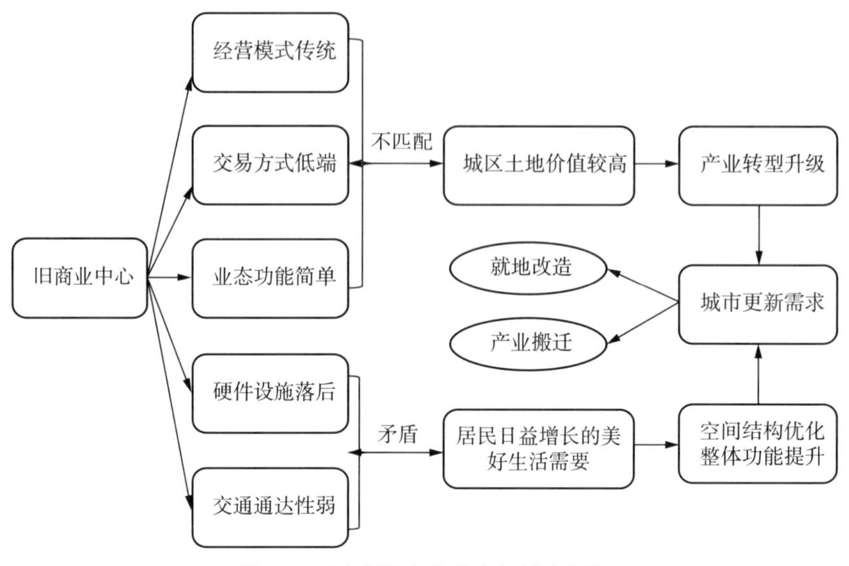


**图 1-3　城市旧商业特点与城市更新**

## 四、基础设施领域的城市更新

随着城市进入高质量发展阶段，城市中的基础设施更新非常重要。一方面，老旧的基础设施诸如煤气管道等存在安全隐患；另一方面，高水平的基础设施对于焕发旧城区的活力非常重要。

1. 基础设施更新的必要性

第一，基础设施更新有利于城市经济高质量发展。从成本的角度看，良好的交通基础设施可以减少企业的运输成本；良好的通信基础设施可以降低企业的交易和交流成本。从要素吸引的角度看，拥有较好的交通、通信与教育等基础设施的城市，将会吸引各类人才向城市流动，该城市的企业可选用更高素质的员工，随之带来的是企业技术与管理水平的逐渐提升，从而提高劳动生产率，增加企业利润。从新产业培育的角度看，现代基础设施的更新也促进了如电商、跨境金融等新型业态的产生。

第二，基础设施更新有利于城市居民生活质量的提高。交通基础设施的不断更新将减少居民的出行成本，有助于提升居民生活舒适度。例如，以互联网为代表的新基建促进电商与物流业的快速发展，城市居民将可以通过较低的价格购买商品。

2. 基础设施更新的主要内容

城市中基础设施更新可以分为能源输送系统更新、交通运输系统更新、供水排水系统更新、通信类设施更新以及城市安全系统更新。

能源输送系统主要包括城市电力生产与输送系统、天然气以及集中供热输送系统等。能源输送系统的更新包括老化管道的维修与管道覆盖面的延伸，维修老化管道可以保障居民的基本安全，增加管道覆盖面可以避免很多旧城区居民使用液化气罐带来的风险。电力传输设施的整治维修可以确保居民用电稳定与安全，使得居民生活质量得到极大提高。

交通运输系统更新主要包括拓宽修缮城市道路、加强交通道路管理以及增设与改造停车场。在旧城区进行道路改造拓宽时要充分考虑既有建筑对道路拓宽的制约，也要通过加强管理防止占道经营等乱象发生。在旧城区的人流、车流密集区，停车位的问题一直困扰着许多消费者，也成为一个商业区能否成功留客的关键因素之一，所以要千方百计通过立体车库、地下车库等多种形式增加停车位的供给。

供水排水系统更新包含城市居民用水与雨水排放两个方面。水资源输送系统更新主要包括扩大自来水输送网的覆盖面、更新老旧输送管道与自来水的收费管理三方面。雨水排放系统更新则需要根据道路系统更新同步调整，防止出现大规模的深积水阻滞车辆与行人正常出行的情况。

城市通信系统主要包括基站、传输系统与终端设备。在互联网时代，居民对于邮政通信以及家用电话的运用越来越少，更多的是用手机与互联网进行通信。但是，老旧小区存在公共空间少导致新型基础设施无法布局的问题。政府应该与运营商共同做好旧城区通信系统的更新与升级工作。

城市安全系统主要包括消防设备、监控设备以及防洪抗震设施等。在老旧小区中，很多消防设备已经多年未得到有效维护，而老旧小区由于电线老旧、燃气设备老旧等原因恰恰是最容易发生火灾的地带，因此做好消防设施的更新非常重要。在监控设施方面，由于老旧小区普遍缺乏有效的物业管理，很多小区监控设施严重不足，这也需要在城市更新过程中加大投入。

3. 基础设施更新的主体

按照投资主体与经营主体划分，基础设施可以分为经营性基础设施与非经营性基础设施。经营性基础设施的更新可以由提供公共服务的企业来实施，诸如供水、供电、燃气、供热等设施；非经营性基础设施的更新应该由政府部门来实施，如城市道路、公共安全类设施等。事实上，事关民生的基础设施更新需要企业与政府部门进行协调，共同为城市居民幸福平安的生活提供保障。

## 第四节　城市更新面临的主要困境

城市更新工作共有三类参与者，分别是原住民、参与城市更新的企业以及政府的有关部门。三类参与者之间的诉求不同以及不同城市更新模式的侧重点不同，给城市更新带来了若干困境。本节将从不同参与者的诉求出发，对城市更新的主要困境进行剖析。

## 一、城市更新不同参与者的利益诉求存在差异

城市更新区域的原住民是城市更新的主要受益者，他们的利益主要在于更新带给他们更好的居住环境与外部配套。参与城市更新的企业是自负盈亏的市场主体，其参与城市更新的动机就是充分利用优质土地资源或者享受国家为推进城市更新而颁布的优惠政策，他们几乎会本能地避开难以开发、商业前景不好的地段，趋于改造价值回报率高的地段。政府部门既要保证各个项目的改造符合城市规划要求，实现城市规划总体目标，又要保证社会效益，即提高老旧小区里居民的生活质量。当前，诸多城市更新模式均对不同的主体有所侧重，同时也存在诸多不足。

### 1. 强调原住民利益的城市更新

基于经济学的交易成本理论，我们发现，当前中国旧城区中产权不清晰、原居民多样化等原因增加了城市更新的交易成本，阻碍了城市更新工作的推进。因此，可以通过建立协商平台与协调机制，充分发挥民众的作用，减少交易成本，推动城市更新的实施。

有些城市在城市更新过程中建立了居民自改委，将其作为多元居民个体与开发主体沟通协商的重要平台。居民自改委由楼栋长选举产生，委员们都较为了解所在街巷的历史以及居民的不同情况与诉求，能够利用自身组织优势构建平等协商平台，极大地降低了沟通协商的成本，不但极大地避免了“钉子户”的出现，而且保证了民众的知情权和监督权，推动了旧城改造的顺利实施。

很显然，充分发挥居民自我协调机制及公众在城市更新中的作用具

有以下三点优越性：第一，通过建立具有公信力的协商平台，或者提前制定有约束力的协商机制，可以减少不确定性，将外部性内部化，从而减少城市更新过程中的谈判等交易性成本，推动城市更新的实施；第二，有利于促进信息对称，保护群众的知情权和监督权，改善民众在城市更新过程中所处的弱势地位；第三，有利于提高居民的信任程度，通过协商的方式合理解决城市更新中可能出现的分歧，从而推动城市更新各项举措的顺利落实。

然而，过分强调公众在城市更新中的作用可能带来一些问题。例如，居民自身风险识别能力不强，在与开发商沟通过程中可能存在利益损失但无法识别的现象；部分居民代表可能存在寻租风险，从而与开发商联合起来侵占城市居民的利益；等等。

2. 强调保护城市肌理的城市更新

强调保护城市肌理的“有机更新”理论的雏形起源于1979—1980年由吴良镛教授主导的什刹海规划研究，对于我国老旧城区的发展具有现实的指导意义。这一理论主张“按照城市内在的发展规律，顺应城市肌理，在可持续发展的基础上，探讨城市的更新与发展”。吴良镛教授提出，无论从城市到建筑，还是从整体到局部，城市都如同生物体一样是有机联系、和谐共处的整体。① 方可在《当代北京旧城更新：调查·研究·探索》一书中进一步阐明了有机更新的三层含义，即有机更新包含“城市整体的有机性，细胞和组织更新的有机性和更新过程的有机性”。此外，方可还提出了“社区合作更新”的政策构想，即加速推进住房分配制度和住房管理制度的改革，改进“住房合作社”，充分调动

① 吴良镛. 北京旧城与菊儿胡同［M］. 北京：中国建筑工业出版社，1994.

居民参与住房更新的积极性，为北京旧城的“有机更新”提供持续的动力。他的研究推进了有机更新理论的发展和完善。①

有机更新理论在北京菊儿胡同住宅改造的实践中得到了检验与发展。有机更新要求将保护、整治与改造相结合，在传统的旧城基础上进行改良，寻求与新的现代生活方式的平衡点。著名的北京菊儿胡同改建工程是吴良镛先生主持的项目，较好地实现了新秩序和旧体系的融合。改造以不破坏旧的四合院的原型为初衷，探索水平和垂直方向上的拓展，既保留了旧城的风貌，延续了文化历史传统，又建立了新的“有机秩序”。

有机更新的方式具有以下三点优越性：第一，注重历史传承与文脉延续，维持了旧城原有的风貌和肌理；第二，能够通过持续性的更新与产业升级和消费升级紧密结合，使城市不断适应现代生活的需要；第三，满足城市由扩张性转向内涵式发展的要求。有机更新的方式具有以下两点局限性。第一，应用范围不够广泛。近年来有机更新理论主要被应用于历史文化保护区，尤其是胡同的改造。尽管菊儿胡同住宅改造过程受到了广泛关注，但有机更新的精髓未被人们理解，最终没能被应用到更多的旧城改造实践中去。第二，资金和政策支持力度不够。历史文化名城的更新需要发挥政府力量的主导作用，有机更新理论的有效应用需要政府的资金投入和相应的政策优惠。政府需要引导市场按照规划进行旧城改造，避免违背有机更新理念的大规模商业房地产开发。

3. 小规模渐进式的城市更新

小规模渐进式的旧城改造，指一系列与城市改造相关的、以解决实

---

① 方可. 当代北京旧城更新：调查・研究・探索［M］. 北京：中国建筑工业出版社，2000.

际问题为目的的小规模建设活动，包括与社会经济条件相适应的适当规模的重建、补建、整治、保护和修缮及整体环境的整治和改善。小规模更新改造提倡从居民实际需要出发，包括多种小尺度的改造方式和多样化的改造内容，吸引“小规模资金”的投入，调动居民或单位参与改造的积极性。

宁波象山县旧城区属于小规模渐进式改造的典范之一。象山县鼓励社区公众参与其中，吸纳民间资金如居民自筹资金或银行低息贷款等。面临人口密度低、土地使用率低、环境恶劣的情况，象山县旧城改造的收益较低，难以吸引开发商的投资。在政府的合理引导下，以社区为基础开展的小规模渐进式改造成果显著，大大改善了象山县居民的居住环境。①

经过总结，我们得出小规模渐进式更新方法具有以下三点优越性：第一，灵活性强，体现了居民的实际需求；第二，保持乡土传统文化和环境特色，永葆城市活力；第三，增加居民参与度，效率高，具有很强的针对性，避免了大规模开发的盲目性。小规模渐进式更新方法具有以下两点局限性：第一，当缺乏合理的技术引导时，小规模渐进式更新容易畸形发展，造成街区的无序状况；第二，渐进式的项目具有动态性、多样化、耗时长等特点，难以得到政策支持和官员认可。

## 二、城市更新工作中的困境

城市更新对于我国城市高质量发展的重要性与迫切性需要我们梳理城市工作中的困境，为城市更新工作的开展厘清思路。总的来说，在国

---

① 张斌図. 小规模渐进式改造在小城镇旧城更新中的应用——以宁波象山县旧城区控制性详细规划为例［J］. 规划师，2004（7）：81－83.

内外的实践与研究中存在以下三个方面的困境。

1. 主体选择困境

城市更新工作的主体究竟是政府还是私人资本，一直是国内外城市更新研究中争论的话题，有人认为为了激发城市发展的活力，提升公共治理水平，理所应当由政府作为城市更新的主体。布伦丹·奥弗莱厄蒂就曾指出由私人资本进行的土地局部整理的经济效益低于由政府实施的完全整理的效益。[①] 事实上，充分发挥政府在城市更新中的作用具有以下三点优越性：一是政府对城市更新的投资能够拉动整个国民经济的增长；二是政府进行的统一的大规模的更新可以形成规模效应，同时政府信用可以降低城市更新的谈判成本；三是政府投资可以克服市场失灵，对基础设施进行投资，提供交通、教育、医疗、社会保障等公共服务，从而提高城市整体社会福利，促进社会稳定。

但是以政府为主体进行城市更新，也存在一定的局限性：一是政府对资金的使用效率不高；二是政府承担过多的公共服务供给，对财政造成了很大压力，最终可能引发财政危机；三是公众没有能够参与城市更新；四是大规模拆迁的目标较为单一，忽略了对历史地区的保护。

事实上，充分发挥私人资本在城市更新中的作用也依然具有优越性与局限性。优越性表现在可以大大减轻政府的财政负担以及通过引入市场机制，有利于引入充足的资金以及先进的管理运营理念、技术经验和管理模式，有利于实现资源的有效配置，提高资金的使用效率。比如，从20世纪70年代后期开始，英国大力推动私有化改革，私人资本在城

---

① 布伦丹·奥弗莱厄蒂. 城市经济学［M］. 北京：中国人民大学出版社，2015.

市更新中的作用被大大提升。[1] 1981—1987年，英国城市开发公司吸引了20亿英镑的私人投资，用于商业酒店、娱乐中心、商品住宅等各种地产开发项目。[2]

然而，过分强调私人资本在城市更新中的作用具有以下两点局限性。一是私人资本过度追求利益最大化，与社会总体效益最大化产生了冲突，出现了严重的市场失灵。商业开发忽视社会责任，导致公共服务和基础设施匮乏，社会福利得不到保障，贫富差距不断扩大。二是私人资本主导的开发中公众群体的意愿很大程度上被压制，缺乏公众问责的有效机制。

2. 收益分配困境

城市更新工作由于研究的视角不同而存在一个收益的困境。陈浩等指出，城市更新是一种复杂的经济活动，牵涉多方利益，利益格局复杂，其本质是以空间为载体进行资源与利益再分配的政治经济博弈。[3] 从市场主体的角度来说，城市更新的动力在于追求土地增值收益以及基于更新后的建筑物经营带来的收益。从社会效益的角度说，城市更新的关键在于保持城市肌理的相对完整性，要求在城市更新过程中对历史和文化给予足够的尊重，传承城市的历史文化禀赋，延续当地文脉。因此，规划学从客观上要求城市更新注重整体功能结构的调整和整体空间形态结构的发展与保护，顺应城市建设改造的自然之理和本质规律。不

---

① 李和平，惠小明. 新马克思主义视角下英国城市更新历程及其启示——走向“包容性增长”[J]. 城市发展研究，2014，21 (5)：85-90.

② 戴学来. 英国城市开发公司与城市更新 [J]. 城市开发，1997 (7)：30-33.

③ 陈浩，张京祥，吴启焰. 转型期城市空间再开发中非均衡博弈的透视——政治经济学的视角 [J]. 城市规划学刊，2010 (5)：33-40.

仅如此，从社会效益的角度看，在城市更新过程中也要注重改善居民的生活环境，改善城市形象。正是因为社会效益与经济效益之间存在难以平衡的情况，很多城市在推动城市更新过程中效率低下。

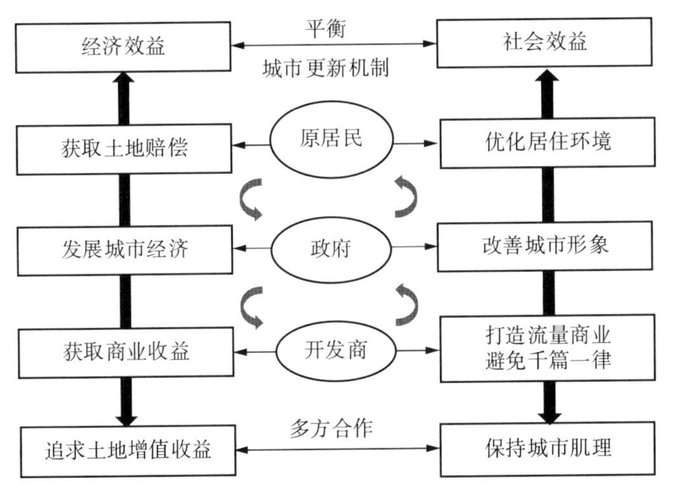


**图 1－4　从市场与社会两个视角的平衡看三种利益主体参与城市更新**

当前，我国城市更新过程中各利益主体之间的谈判使得交易成本大大增加，协调改造的收益在利益主体——原居民、政府、开发商之间的分配使得城市更新障碍重重，集体土地产权界定的不清晰又使得上述困难加剧。对于居民而言，城市更新会带来搬迁等成本，也会带来改善居住条件、获得土地赔偿等收益。对于开发商而言，城市更新会带来开发成本，同时也会获得一定的商业收益。对于政府而言，城市更新会带来财政支出、税收优惠等成本，也会获得城市人居环境改善、经济效益提高、社会福利增加等收益。以上三种利益主体都会从自身成本与收益的角度来考虑是否参与城市更新，这就需要以市场手段为主导，在考虑城市肌理保护与文脉传承的前提下，构建三方利益主体共同认可的可持续的城市更新方案。

3. 制度制约困境

当前，推动城市更新需要创新体制机制。以城中村更新为例，城中村的改造是城市更新中重要的一环，但是我国的城中村改造在法律制度层面存在阻碍，其根本原因是城中村的土地性质是集体土地，不能像国有土地那样完全按照现行的“招拍挂”流程进行开发。如果采取土地征收再“招拍挂”的形式进行城市更新，由于集体土地的拆迁补偿额较低，原有城中村中的居民或者企业获得的补偿额远远无法在城市获得同等的居住生活空间。

多年来，我国的东部发达地区在集体土地性质的城中村的改造方面做了一定的探索，比如深圳、温州等地区已经出台了相应的法规。[①] 2020 年新实施的《土地管理法》为集体土地的流转扫清了障碍。虽然如此，但是事实上关于集体土地如何进行流转、如何进行抵押等方面还没有看到成熟的模式或者规则，还有赖于各个地区以及各类市场主体参与探索并形成可以复制的模式。

以老旧小区改造为例，我国部分城市已经开始尝试推动小区原住民自筹经费启动小区的拆迁再造。但是，居民自筹经费进行老旧小区改造面临诸多制约障碍。从资金筹集的角度看，如何通过规范的金融渠道保障资金的安全需要各类金融机构提供专项服务；从规划审批的角度看，由于老旧小区再建需要改变容积率以及套型设计，规划审批部门应当针对老旧小区拆除重建制定新的审批规则；等等。

---

① 参见：乐清市农房集聚和美丽乡村建设相关工作的新闻发布稿［EB/OL］.(2013－04－17)［2024－01－23］. http://www.yueqing.gov.cn/art/2014/2/17/art_1322248_10196598.html；深圳市拆除重建类城市更新单元计划管理规定［EB/OL］.(2019－12－21)［2024－01－23］. http://www.gd.gov.cn/zwgk/wjk/zcfgk/content/post_2724931.html。

由上，随着我国城市更新行动在各个地区逐步开展，政府有关部门、金融支持部门以及承建单位等都应该积极推动制度创新，为城市更新工作顺利开展保驾护航。

# 第二章　城市更新相关政策分析

城市更新最早的实践源于西方发达经济体的探索，由于发展水平领先，城市开发建设时间较早，西方发达经济体的城市较早地出现了主城空心化、城市无序蔓延、基础设施陈旧等现象，尤其是以中国为代表的发展中国家的经济腾飞促使发达经济体的产业不断向发展中国家转移之后，西方经济体的城市经济活力不断下降，城市旧城区亟待“复兴”。为了解决城市发展中遇到的问题，西方发达经济体的许多城市纷纷开始启动城市更新工作，在长期的实践中形成了一些典型的案例，积累了一定的经验。虽然我国城市发展晚于西方发达国家，但是由于我国在改革开放前与改革开放初期城市规划建设水平较低，而城市发展速度太快，我国先发地区的部分城市也面临着旧城区需要更新改造的现实问题，部分城市已经开始了城市更新方面的实践。近年来，国家层面与各个城市都出台了相应的与城市更新有关的政策，本章节将对与城市更新有关的政策进行讨论。

## 第一节　中国城市更新政策的演进

中华人民共和国成立以来，我国的城市建设工作经历过多个不同的阶段，城市更新工作也经历了不同的阶段。由于不同时期城市发展背景、城市更新面临的问题、城市更新的动力以及制度环境的差异，我国不同地区城市更新的目标、内容以及采取的政策措施亦相应发生变化。

## 一、中国城市更新历程回顾

城市更新并不是近年来才出现的话题，中国城市更新自1949年中华人民共和国成立以来，一直经历着不同阶段的实践。总的说来，中国城市更新的发展历程经历过三个阶段。

第一阶段是中华人民共和国成立之初到改革开放之前。实际上，该阶段的城市更新以解决城市居民迫切的基本生活需要为重点，各地区在较低的城建水平基础上，开展了以改善环境卫生、发展城市交通、整修市政设施和兴建工人住宅为主要内容的城市建设工作。因此，当时的城市更新可以被简单理解为“城市修缮”。

第二阶段是1978年至2012年。这个阶段，我国开启了全世界最快速的城市化进程，大量人口涌入城市使得城市建设规模不断扩大。在热衷于建设新城区的同时，几乎所有的城市对旧城区采取的措施都以“大拆大建”为主。在这个阶段，部分城市对旧厂房、旧小区进行拆迁并对土地进行重新“招拍挂”，很多原住民获得了“拆迁安置房”。当然，也有很多学者在这个阶段提出了保护性的城市更新方案，很多城市对一些实在没法进行“大拆大建”的老旧区域如何进行原址更新进行了探索。例如，吴良镛先生提出“有机更新论”，在获得“世界人居奖”的“菊儿胡同住房改造工程”中，以“类四合院”体系和“有机更新”思想进行旧居住区改造，保护了北京旧城的肌理。再比如，全国涌现了北京798艺术区更新实践、南京1865创业产业园更新等一批在注重保护原址基础上进行城市更新的实践与探索。

第三阶段是2012年至今。从2012年开始，中国经济进入了新时代，我国开启基于“以人为核心”的城市更新进程。2015 年 12 月 20 日至 21 日，中央城市工作会议在北京召开，这是时隔 37 年后“城市工作”再次上升到中央层面进行专门研究部署①。会议提出了当今以及接下来一段时间内我国城市工作的指导思想。会议指出，要“科学划定城市开发边界，推动城市发展由外延扩张式向内涵提升式转变”“要加强城市设计，提倡城市修补”“加快城镇棚户区和危房改造，加快老旧小区改造”②。2019 年，习近平总书记在上海考察时指出：“无论是城市规划还是城市建设，无论是新城区建设还是老城区改造，都要坚持以人民为中心，聚焦人民群众的需求，合理安排生产、生活、生态空间，走内涵式、集约型、绿色化的高质量发展路子，努力创造宜业、宜居、宜乐、宜游的良好环境，让人民有更多获得感，为人民创造更加幸福的美好生活。”③ 这说明，“以人为核心”的城市更新已经成为新的发展阶段城市建设工作的主要任务。

## 二、中国城市更新领域的主要政策回顾

通过对国家层面现有的城市更新政策文件的梳理，我们可以了解掌握国家有关部门对于城市更新的总体要求。近年来，从棚户区改造、老旧小区改造到工业遗址改造，国家有关部门出台的政策都做了相应的规定。

---

① 时隔 37 年中央缘何重启城市工作会议？[EB/OL].（2015－12－23）[2023－11－10]. http://www.gov.cn/zhengce/2015-12/23/content_5026897.htm.

② 中央城市工作会议在北京举行 [EB/OL].（2015－12－22）[2023－11－10]. http://www.xinhuanet.com//politics/2015－12/22/c_1117545528.htm.

③ 习近平在上海考察时强调 深入学习贯彻党的十九届四中全会精神 提高社会主义现代化国际大都市治理能力和水平 [EB/OL].（2019－11－03）[2023－11－10]. https://www.gov.cn/xinwen/2019－11/03/content_5448158.htm.

2013 年 7 月，《国务院关于加快棚户区改造工作的意见》[1] 正式发布，该意见要求在 2008 年至 2012 年全国改造各类棚户区 1260 万户的基础上加大改造力度。该意见对城市棚户区改造、国有工矿棚户区改造、国有林区棚户区改造以及国有垦区危房改造等四类棚户区的改造提出了不同的要求。在资金筹集方面，该意见也提出了加大信贷支持、鼓励民间资本参与改造、规范利用企业债券融资等渠道保障资金来源。当然，棚户区改造不能仅仅针对建筑物进行拆除重建，该文件还要求棚户区改造安置住房实行原地和异地建设相结合，凡是异地安置的，要充分考虑居民就业、就医、就学、出行等需要，要完善配套基础设施建设。接下来，国务院关于棚户区改造继续出台了多份指导性文件，各地也就棚户区改造进行了探索与实践。

2014 年 3 月，《国务院办公厅关于推进城区老工业区搬迁改造的指导意见》[2] 正式发布，该指导意见提出，以城区老工业区产业重构、城市功能完善、生态环境修复和民生改善为着力点，把城区老工业区建设成为经济繁荣、功能完善、生态宜居的现代化城区。在培育发展新产业方面，要积极发展设计咨询、科技、金融、电子商务、现代物流、节能环保等生产性服务业；鼓励改造利用老厂区老厂房老设施，积极发展文化创意、工业旅游、演艺、会展等产业；大力发展商贸、健康、家庭、养老服务等生活性服务业，满足居民日益提高的生活需求。在完善城市基础设施方面，要应用先进信息技术提高城市管理水平，积极稳妥推进

---

① 该意见全文参见：http://www.gov.cn/zhengce/content/2013-07/12/content_4556.htm。

② 该意见全文参见：http://www.gov.cn/zhengce/content/2014-03/11/content_8709.htm。

智慧城市建设。在加强工业遗产保护再利用方面，要高度重视城区老工业区工业遗产的历史价值，在实施企业搬迁改造前，应全面核查认定城区老工业区内的工业遗产，出台严格的保护政策，合理开发利用工业遗产资源，建设科普基地、爱国主义教育基地等。

2020 年 7 月，《国务院办公厅关于全面推进城镇老旧小区改造工作的指导意见》① 正式发布，此文件为各地城镇老旧小区改造工作提出了总体要求，并在改造任务、组织机制、资金来源和配套政策方面提出了详细的指导意见。该文件为老旧小区改造工作提出了具体的工作目标，确立了工作的基本原则，推动了各地老旧小区改造工作的规范性和有效性。在改造任务方面，该文件明确了老旧小区的定义，同时要求各地结合实际来确定老旧小区的范围，将改造内容分为基础类、完善类、提升类等三个类型。在组织机制方面，该指导意见要求各地要建立健全政府统筹、条块协作、各部门齐抓共管的专门工作机制，明确各有关部门、单位和街道（镇）、社区职责分工，制定工作规则、责任清单和议事规程，同时要求城镇老旧小区改造要与加强基层党组织建设、居民自治机制建设、社区服务体系建设有机结合。在资金来源方面，按照谁受益、谁出资原则，积极推动居民出资参与改造；支持城镇老旧小区改造实施运营主体采取市场化方式，运用公司信用类债券、项目收益票据等进行债券融资，但不得承担政府融资职能，杜绝新增地方政府隐性债务；鼓励原产权单位对已移交地方的原职工住宅小区改造给予资金等支持。同时要求各地完善配套政策，比如审批政策、土地支持政策。

2020 年 11 月 17 日住建部官网刊登了时任住建部部长王蒙徽的文

① 该意见全文参见：http://www.gov.cn/zhengce/content/2020-07/20/content_5528320.htm。

章《实施城市更新行动》①，进一步明确了城市更新的目标、意义与任务，并且再次强调了“十四五”期间的老旧小区改造任务。文章中提出力争到“十四五”期末基本完成2000年前建成的需改造的城镇老旧小区改造任务。在强调城镇老旧小区改造和住房制度的同时，提到了城市生态修复工程、强化历史文化保护、增强城市防洪排涝能力等，扩展了城市更新的内容。

2021年3月12日，《中华人民共和国国民经济和社会发展第十四个五年规划和2035年远景目标纲要》发布。② 此文件要求加快推进城市更新，改造提升老旧小区、老旧厂区、老旧街区和城中村等存量片区功能，推进老旧楼宇改造，积极扩建新建停车场、充电桩。此文件仍然强调老旧小区工作，同时提到了城市的老旧楼宇和为提高人民生活水平而注重停车场和充电桩的建设。

2021年8月10日，住建部就《关于在实施城市更新行动中防止大拆大建问题的通知（征求意见稿）》③ 公开征求意见。住建部起草此文件的原因在于在城市更新过程中，各地出现急功近利的倾向，甚至采取“大拆大建”的方式推动城市更新。为防止产生新的城市问题，该文件提出实施城市更新行动应该严格控制大规模拆除、严格控制大规模增建、严格控制大规模搬迁，确保住房租赁市场供需平稳，以防止城市更新变形走样。同时，文件提出在城市更新过程中，应全力保持城市记忆、保护历史遗存、延续城市风貌，最大限度保留老城区具有特色的空间和肌理。

---

① 参见：https://www.mohurd.gov.cn/xinwen/jsyw/202011/20201117_248050.html。

② 参见：http://www.gov.cn/xinwen/2021-03/13/content_5592681.htm。

③ 参见：http://www.gov.cn/xinwen/2021-08/11/content_5630795.htm。

**表 2-1　国家层面关于城市更新的主要文件一览**

| 时间 | 文件名称 |
|---|---|
| 2013 年 7 月 | 《国务院关于加快棚户区改造工作的意见》 |
| 2014 年 3 月 | 《国务院办公厅关于推进城区老工业区搬迁改造的指导意见》 |
| 2020 年 7 月 | 《国务院办公厅关于全面推进城镇老旧小区改造工作的指导意见》 |
| 2021 年 8 月 | 《关于在实施城市更新行动中防止大拆大建问题的通知（征求意见稿）》 |

资料来源：作者根据相关内容整理。

整体看来，中央层面的城市更新政策为各个地方的工作提出总体目标和工作内容，推动了我国城市更新工作的向前发展。国家有关部门关于城市更新的政策主要有以下几个方面的特点：第一，从老旧小区到工业遗址等城市更新的方方面面都提出了较为科学的指导性意见；第二，城市更新的指导意见坚持民生导向，始终以城市居民的生活质量为出发点；第三，鼓励地方政府在城市更新过程中创新模式、创新融资手段，尽量使用市场化的手段推进城市更新。

## 第二节　部分城市关于城市更新的政策评述

在上一节回顾近年来国家有关部门关于城市更新的相关政策的基础上，本节将就典型城市的城市更新政策进行剖析。

### 一、直辖市城市更新政策评述

本书将对中国直辖市的城市更新政策进行评述。中国的直辖市经济体量较大且具有悠久建城历史，这些城市在城市更新过程中所具有的共同特征是：第一，由于经济发展水平较高，城市大规模建设的时间较早，相比较其他城市面临的城市更新的任务更重；第二，由于具有悠久的历史，文物与遗址较多，将会影响城市更新的进程；第三，经济体量较大的城市由于财政收入较高、经济实力较强，在城市更新的过程中更容易创新商业模式以及融资模式。

1. 北京市关于城市更新的政策

在城市更新总体政策方面，北京市于2021年5月15日发布了《北京市人民政府关于实施城市更新行动的指导意见》①。该指导意见对城市更新的定义是：对城市建成区（规划基本实现地区）城市空间形态和城市功能的持续完善和优化调整，是小规模、渐进式、可持续的更新。北京市的这份文件确定了城市更新要遵循四个基本原则：一是规划引领，民生优先；二是政府推动，市场运作；三是公众参与，共建共享；四是试点先行，有序推进。在实施范围上，明确是北京市城市建成区，包括老旧小区改造、危旧楼房改建、老旧厂房改造、老旧楼宇更新、首都功能核心区平房（院落）更新及其他类型。在实施步骤方面，该文件要求以街区为单元实施城市更新，依据街区控制性详细规划，科学编制方案，开展街区综合评估，查找分析问题，梳理空间资源，确定更新任务。在管理主体上，该文件明确市委城市工作委员会所属城市更新专项小组负责统筹推进城市更新工作。在实施主体方面，该文件明确城市更新项目产权清晰的可以由产权单位作为实施主体，也可以协议、作价出资（入股）等方式委托专业机构作为实施主体；产权关系复杂的，由区政府（含北京经济技术开发区管委会）依法确定实施主体。在资金来源方面，该意见提出，城市更新所需经费涉及政府投资的主要由区级财政

① 该意见全文参见：http://www.gov.cn/xinwen/2021-06/10/content_5616717.htm。

承担；对老旧小区改造、危旧楼房改建、首都功能核心区平房（院落）申请式退租和修缮等更新项目，市级财政按照有关政策给予支持；对老旧小区市政管线改造、老旧厂房改造等符合条件的更新项目，市政府固定资产投资可按照相应比例给予支持；鼓励市场主体投入资金参与城市更新；鼓励不动产产权人自筹资金用于更新改造；鼓励金融机构创新金融产品，支持城市更新。在土地政策方面，北京市明确更新项目可依法以划拨、出让、租赁、作价出资（入股）等方式办理用地手续；更新项目发展国家及本市支持的新产业、新业态的，由相关行业主管部门提供证明文件，可享受按原用途、原权利类型使用土地的过渡期政策；更新项目采取租赁方式办理用地手续的，土地租金实行年租制；在不改变更新项目实施方案确定的使用功能前提下，经营性服务设施建设用地使用权可依法转让或出租，也可以建设用地使用权及其地上建筑物、其他附着物所有权等进行抵押融资。

在工业遗址升级改造方面，北京市规划和自然资源委员会、北京市住房和城乡建设委员会、北京市发展和改革委员会、北京市财政局于2021年6月10日出台了《关于开展老旧厂房更新改造工作的意见》①。该意见明确了北京市老旧厂房更新改造的实施范围，即北京市中心城区范围内老旧厂房，包括老旧工业厂房、仓储用房及相关工业设施。五环路以内和北京城市副中心的老旧厂房可根据规划和实际需要，引入产业创新项目，补齐城市功能短板；五环路以外其他区域的老旧厂房原则上用于发展高端制造业。在实施主体方面，该意见鼓励原产权单位（或产权人）通过自主、联营等方式对老旧厂房进行更新改造、转型升级；也

① 该意见全文参见：https://www.beijing.gov.cn/zhengce/zhengcefagui/202106/t20210617_2414632.html。

可成立多元主体参与的平台公司，原产权单位（或产权人）按原使用条件通过土地作价（入股）的形式参与更新改造，由平台公司作为项目实施主体；对于产权关系复杂的城市更新项目，经参与表决专有部分面积四分之三以上的业主且参与表决人数四分之三以上的业主同意后，可依法授权委托确定实施主体。在土地政策方面，涉及改建、扩建或改变规划使用性质的更新项目，可按新的规划批准文件办理用地手续；用地性质调整需补缴土地价款的，可分期缴纳；采取租赁方式办理用地手续的，土地租金实行年租制；根据市场主体意愿，由政府指定部门作为出资人代表，对已取得划拨建设用地使用权的土地，可以作价出资（入股）经营性服务设施；经营性服务设施已取得的建设用地使用权可依法进行转让或出租，也可以建设用地使用权及地上建筑物、构筑物及其附属设施所有权等进行抵押融资；根据实施规划需要，涉及区域整体功能调整的，统一由政府收储土地并按照规划用途重新进行土地资源配置，由新的使用权人按照规划落实相应功能，可给予原产权单位（或产权人）异地置换相应指标。

北京市作为中华人民共和国成立后主要建设的大城市，城市建设起步较早，这也就导致了北京市城市更新的任务较重。通过对北京市关于城市更新政策的梳理可以看出，北京市关于城市更新的政策不仅覆盖了与城市更新有关的多方面的内容，而且对其中的投融资路径、土地权属、项目主体等细节问题都做了详细的规定。当然，北京市的城市更新政策更侧重于老旧建筑的更新改造。

2. 上海市关于城市更新的政策

2015 年 5 月 15 日，《上海市城市更新实施办法》[①] 正式公布，该文

---

① 该办法全文参见：https://hd.ghzyj.sh.gov.cn/zcfg/ghss/201801/t20180131_824176.html。

件把城市更新定义为对本市建成区城市空间形态和功能进行可持续改善的建设活动。在管理主体方面，上海市要求由市政府及市相关管理部门组成市城市更新工作领导小组，负责领导全市城市更新工作，对全市城市更新工作涉及的重大事项进行决策。在资金筹集方面，对于城市更新按照存量补地价方式补缴土地出让金的，市、区县政府取得的土地出让收入，在计提国家和本市有关专项资金后，剩余部分由各区县统筹安排，用于城市更新和基础设施建设等。在土地政策方面，城市更新的风貌保护项目，参照旧区改造的相关规定，享受房屋征收、财税扶持等优惠政策；对纳入城市更新的地块，免征城市基础设施配套费等各种行政事业收费，电力、通信、市政公用事业等企业适当降低经营性收费。

2017 年 11 月 17 日，《上海市城市更新规划土地实施细则》① 正式发布，该文件对城市更新中关于土地的细节问题进行了较为详细的规定。在实施主体方面，该细则同样明确，城市更新工作领导小组由上海市政府及相关管理部门组成，负责领导全市城市更新工作，统筹协调相关部门，对全市城市更新工作涉及的重大事项进行决策；城市更新工作领导小组下设办公室，办公室设在市规划和国土资源主管部门；物业权利人、经法定程序授权明确的权利主体、政府指定的具体部门、其他有利于城市更新项目实施的主体都可以成为城市更新项目的实施主体。在城市更新实施方案方面，上海市强调因地制宜，根据不同区域的情况制定不同的发展要求和更新目标，该细则将城市更新涉及的城市功能区域分为公共活动中心区、历史风貌地区、轨道交通站点周边地区、老旧住区、产业社区等各类区域。例如，对于经认定的历史风貌保护实施项

① 该细则原文参见：https://hd.ghzyj.sh.gov.cn/zcfg/ghss/201808/t20180807_839408.html。

目，所用土地可以按照保护更新模式，采取带方案招拍挂、定向挂牌、存量补地价等差别化土地供应方式，带保护保留建筑出让；城市更新项目周边的“边角地”“夹心地”“插花地”等零星土地，不具备独立开发条件的，可以采取扩大用地的方式结合城市更新项目整体开发。在其他优惠政策方面，对纳入城市更新的地块，免征城市基础设施配套费等各种行政事业收费，电力、通信、市政公用事业等企业适当降低经营性收费。

上海公布的该实施细则中涉及的“存量补地价”规定非常值得其他城市学习。例如，城市更新项目以拆除重建方式实施的，可以重新设定出让年期；以改建扩建方式实施的，其中不涉及用途改变的，其出让年期与原出让合同保持一致，涉及用途改变的，用途改变部分的出让年期不得超过相应用途国家规定的最高出让年期。经区人民政府集体决策后，可以采取存量补地价（按照新土地使用条件下土地使用权市场价格与原土地使用条件下剩余年期土地使用权市场价格的差额，补缴出让价款）的方式，由现有物业权利人或者现有物业权利人组成的联合体，按照批准的控制性详细规划进行改造更新。

2021 年 8 月 25 日，《上海市城市更新条例》[①] 由上海市第十五届人民代表大会常务委员会第三十四次会议通过，该条例首次提出“数字赋能、绿色低碳”的要求，同时首次提出设立“城市更新专家委员会”。在尊重民意方面，提出要建立健全城市更新公众参与机制，依法保障公众在城市更新活动中的知情权、参与权、表达权和监督权。在资金投入方面，提出要鼓励通过发行地方政府债券等方式筹集改造资金，鼓励金

① 该条例全文参见：https://ghzyj.sh.gov.cn/gzdt/20210831/fc38143f1b5b4f67a810ff01bfc4deab.html。

融机构依法开展多样化金融产品和服务创新，满足城市更新融资需求。

2022 年 11 月 21 日，《上海市城市更新指引》① 正式施行。该指引不仅提出区域更新是针对需要整体提升转型的区域，还提出零星更新主要针对有自主更新意愿的自有土地房屋。值得一提的是，该指引提出吸引专家参与城市更新，要求结合社区规划师制度的建立，推动社区规划师全过程参与城市更新。

综上，上海的城市更新政策走在全国诸多城市前列，不仅在土地政策方面通过补偿差价的方式鼓励实施城市更新，在金融支持领域以及零星更新领域的探索也走在前列。上海市关于城市更新的政策也适应了新时期我国经济发展的需求，将数字技术应用与低碳目标纳入相关的政策文件，值得其他城市借鉴。

3. 天津市关于城市更新的政策

天津市既是 1949 年前就发展起来的较大城市，也是 1949 年后重点发展的城市。近年来，天津市发布了系列关于城市更新的政策条例。总的来说，天津的城市更新主要着眼于旧楼区的更新改造。

2020 年 8 月 7 日，《天津市人民政府办公厅关于进一步加强本市旧楼区提升改造后长效管理的意见》② 正式公布，要求街道、社区以及物业企业做好旧楼区长效管理工作。在管理模式方面，该意见提出旧楼区的管理服务模式包括：社会化服务公司实施管理、产权人（单位）自行管理、社区居民委员会牵头组织居民自治管理三种模式。在旧楼道维护

---

① 该文件全文参见：http://hd.ghzyj.sh.gov.cn/zcfg/gfxwjzl/202211/t20221125_1069532.html。

② 该意见全文参见：https://www.tj.gov.cn/zwgk/szfwj/tjsrmzfbgt/202008/t20200807_3422750.html。

资金方面，将旧楼区日常管理服务补贴资金和设施设备保修期外维修养护资金列入财政年度预算，明确使用范围和拨付程序，确保资金专款专用、及时拨付，并引导居民自觉交纳旧楼区日常管理服务费；将提升改造后旧楼区的非机动车存车棚交由管理服务企业经营和管理，所得收益全部作为管理服务费用；而旧楼区提升改造共用设施设备运行养护维修费用则从有关区建立的旧楼区设施设备保修期外维修养护资金中支出。该文件为老旧小区的物业管理特别是很多大城市存在的没有物业管理的老旧小区如何焕发活力提供了政策参考。

2021年6月22日，《天津市老旧房屋老旧小区改造提升和城市更新实施方案》[①] 正式发布，明确要在城市建成区内的老旧厂区、老旧街区和城中村等存量片区实施城市更新改造项目。在实施主体方面，强调各区人民政府是本区各类更新改造工作的责任主体，负责组织实施主体会同区住房建设和规划资源等部门，按照规划及相关标准要求实施更新改造规划；涉及建设周期长、投资规模大、跨区域以及市级重大城市更新项目，可通过政府授权方式，由具有实力的国有企业作为实施主体。在土地政策方面，该方案支持城市更新项目实施主体通过公开出让方式取得国有建设用地使用权的具体措施。在财政补贴方面，对于补缴的土地收益，在计提国家和本市有关专项资金后，剩余部分可用于补贴建设项目资金，同时加大住房公积金对老旧房屋改造提升的支持力度。另外，市级财政通过中央老旧小区改造补助资金，结合市级财力情况，给予各区老旧小区改造提升项目适当补助。

相比较北京与上海两个全国一线城市而言，天津市在城市更新方面

---

① 该方案全文参见：https://www.tj.gov.cn/zwgk/szfwj/tjsrmzfbgt/202106/t20210624_5486108.html。

的探索与实践都较为保守，这可能与天津市用地矛盾不突出存在一定的关系。但是，天津市在老旧小区更新改造方面的经验，值得其他城市借鉴学习。

## 二、经济体量较大的省会城市城市更新政策评述

除上述传统一线城市与直辖市外，很多经济体量较大的省会城市也面临较重的城市更新的任务，诸如广州、南京、济南、成都、西安、武汉等省会城市根据自身特点制定了相应的城市更新政策。

### 1. 广州市关于城市更新的政策

广州市一直比较重视城市更新工作，早在2015年2月，广州市城市更新局挂牌成立，当时是全国大城市中唯一以“城市更新”命名的政府机构，其目的是接替广州市原来的“三旧”改造工作办公室，以便更好地推进城市更新工作①。2016年1月1日，《广州市城市更新办法》②正式施行，随后，该办法的配套文件《广州市旧村庄更新实施办法》③《广州市旧厂房更新实施办法》④和《广州市旧城镇更新实施办法》⑤也一并发布。

2015年前后，广州市推进的城市更新主要以“三旧”改造为主，

---

① 后来该机构撤销，相关职能并入广州市规划和自然资源局。

② 该办法全文参见：https://www.gd.gov.cn/zwgk/wjk/zcfgk/content/post_2531950.html。

③ 该办法全文参见：https://www.gz.gov.cn/zwgk/zcjd/content/post_3088642.html。

④ 该办法全文参见：https://www.gz.gov.cn/zwgk/zcjd/content/post_3088611.html。

⑤ 该办法全文参见：https://www.gz.gov.cn/zfjgzy/gzscsgxj/xxgk/zcjd/content/post_2963217.html。

由政府部门、土地权属人或者其他符合规定的主体，按照“三旧”改造政策、棚户区改造政策、危破旧房改造政策等，在城市更新规划范围内，对低效存量建设用地进行盘活利用，以及对危破旧房进行整治、改善、重建、活化、提升。值得指出的是，由于广州城市发展的特点，“退二进三”产业用地与城中村改造成为广州城市更新的重点工作。在资金来源方面，广州鼓励利用国家政策性资金，争取更多国家政策性贷款用于更新改造项目；同时积极引入民间资本，通过直接投资、间接投资、委托代建等多种方式参与更新改造，吸引有实力且信誉好的房地产开发企业和社会力量参与。在补贴优惠政策方面，历史文化街区和优秀历史文化建筑保护性整治更新改造项目都被纳入更大范围片区改造区域，便于筹措改造资金，不能实现经济平衡的更新改造项目则由城市更新资金进行补贴。

广州市为大力推进城市更新行动，在土地政策与城市规划政策方面做出较多的尝试。在鼓励城中村改造的实施主体方面，可以由政府整理土地并负责村民住宅和村集体物业复建安置补偿，也可以由村集体经济组织根据批复的项目实施方案自行拆迁补偿安置，还可以由村集体经济组织通过市公共资源交易中心公开招标引进开发企业合作参与改造。对于城中村改造升级后的利益分配也进行了详细规定，例如，村庄更新改造之后如果建筑面积（用地）与规划的建筑面积（用地）相较有节余的，按照 4∶3∶3 的比例由市政府、区政府、村集体进行分配；再比如，旧村庄改造选择合作企业过程中，经竞争节余的融资建筑面积由区政府和村集体按照 5∶5 进行分配；等等。

广州在旧厂房与旧城镇更新改造方面的政策较为灵活。比如，国有土地上的旧厂房可以改为保障性住房外的居住用地，由土地储备机构收购，政府组织公开出让即可；国有土地上旧厂房采取不改变用地性质升级改造（含建设科技企业孵化器）方式改造的，可由权属人自行改造；权属用地（包括一个权属人拥有多宗地块的）面积超过 3 公顷且改造后用于建设总部经济、文化体育产业、科技研发、电子商务等现代服务业的，原业主可申请将不超过 50％的规划经营性用地用于自行改造。在旧城镇改造方面，如果改造区域同意改造户数的比例为 90％以上（含90％），可以启动改造程序。

广州在城市更新方面的相关政策不仅非常灵活，而且“让利于民”，鼓励不同区域按照适合自身的改造模式进行城市更新。

2. 南京市关于城市更新的政策

南京市作为东部地区较为发达的省会城市，在城市更新方面不断探索，较为有名的“小西湖”城市更新项目就属于南京市秦淮区。近年来，南京市有关部门尝试制定符合其自身特点的城市更新相关政策规范。

2020 年 5 月 15 日，南京市关于《开展居住类地段城市更新的指导意见》① 正式发布，这是一个关于城市居住区域更新的总体文件。在更新主体选择方面，该意见鼓励综合运用政府征收、与原权利人协商收购、原权利人自行改造等多种方式，允许物业权利人或经法定程序授权或委托的物业权利人代表、政府指定的国有平台公司、物业权利人及其代表与国有公司的联合体以及其他经批准有利于城市更新项目实施的主体参与实施。在更新模式上，该意见强调细化条件分析，建立差别化更新模式，结合建筑“留、改、拆”方式的不同，地段片区更新分为维修整治、改建加建和拆除重建三种模式。在原住民安置的方式上，注重拓

① 该意见全文参见：https://www.nanjing.gov.cn/xxgkn/zfgb/202006/t20200628_2041232.html。

展安置形式并提供多途径改善选择，可以选择等价置换、原地改善、异地改善、货币安置等多种方式。在土地政策方面，为解决原地安置需求，经市政府同意可以享受老旧小区城市更新保障房（经济适用房等）土地政策进行立项，以划拨方式取得土地；合并纳入更新项目的“边角地”“夹心地”“插花地”以及非居住低效用地，可采用划拨或出让方式取得土地，但是项目区内符合划拨的建设内容（含保障房）不得低于50%。

南京这份指导意见在资金渠道方面做了较为详细的规定，根据这份指导意见，居住类地段在更新改造过程中的投融资渠道有：更新项目范围内土地、房屋权属人自筹的改造经费；实施主体投入的更新改造资金；政府指定的国有平台参与更新项目增加部分面积销售及开发收益；按规定可使用的住宅专项维修资金；相关部门争取到的国家及省老旧小区改造、棚改等专项资金；市、区财政安排的城市更新改造资金；更新地块需配建学校、社区服务中心等公共配套设施以及涉及文保建筑和历史建筑的申请到的各级别专项资金等。

2022年3月，《南京市城市更新试点实施方案》① 正式发布，4月25日，南京市城乡建设委员会会同市规划和自然资源局、市住房保障和房产局联合召开《南京市城市更新试点实施方案》新闻发布会，深度解读南京城市更新工作的总体要求、工作路径、任务措施等。该方案提出南京城市更新的十大任务：居住类历史地段更新、城镇老旧小区改造、老旧厂区转型升级、老旧建筑改造利用、绿色空间格局构建、美丽街道水岸建设、城市小微空间打造、重点单元更新改造、社区综合微更新、美丽宜居街区建设。该方案提出，先行实施一批具有示范效应的更

---

① 该方案全文参见：https://www.nanjing.gov.cn/zdgk/202204/t20220425_3352488.html。

新项目，积累一批可复制、可推广的试点经验，不断丰富完善城市更新的方法、路径、举措、机制，形成城市更新的“南京经验”。

2023年6月，《南京市城市更新办法》[①] 正式发布，该办法将城市更新定义为对存量用地、存量建筑开展的优化空间形态、完善片区功能、增强安全韧性、改善居住条件、提升环境品质、保护传承历史文化、促进经济社会发展的活动。具体包括下列类型：居住类城市更新、生产类城市更新、公共类城市更新、综合类城市更新以及市人民政府确定的其他城市更新活动。这份文件是国内各类城市的政策文件中，较为少见地从土地用途的角度对城市更新进行分类指导的法规，而不是简单从建筑物是否拆除或者保留角度片面推动城市更新，符合城市发展的客观规律。

3. 济南市关于城市更新的政策

济南市作为历史文化名城，非常重视对老城区历史古迹的保护，济南先后印发《关于加强历史文化保护深入推进城市有机更新的通知》《关于进一步加强历史文化街区、传统风貌区和历史建筑保护工作的通知》《关于加强历史风貌保护深入推进城市有机更新的若干措施》《济南市历史建筑修缮维护补助资金管理办法》等文件，加强了对历史建筑的保护[②]。2020年，济南市关于历史古迹保护的重要文件《济南市历史文化名城保护条例》[③] 正式出台，对历史文化建筑保护职责、名录以及保护计划都做了较为详细的规划。

---

① 该办法全文参见：http://www.nanjing.gov.cn/zdgk/202307/t20230705_3954476.html。

② 引自：http://jncc.jinan.gov.cn/art/2021/11/9/art_40601_4767324.html。

③ 该条例全文参见：http://jncc.jinan.gov.cn/art/2020/11/17/art_41771_4760228.html。

值得各大城市学习的是，2022 年 12 月《济南市城市更新专项规划（2021—2035 年）》[①] 正式发布，这是全国各类城市中少有的关于城市更新的总体规划。济南市的这份规划覆盖内容全面，对城市更新的目标、任务、资金以及各个区域的详细任务都做了较为详细的规划。该规划明确济南市城市更新的任务分为优化城市空间格局、强化历史文化保护、提升人居环境品质、盘活低效利用空间、推进绿色低碳发展等五大方面。济南市提出了将“1＋4＋N”作为城市更新实施重点，“1”是指历史文化遗产，“4”是指“旧住区、旧村庄、旧厂区、旧市场”，“N”是指其他类型的更新资源。根据调研统计，济南市域范围内更新资源占地约 127 平方公里。在资金保障方面，除使用好各类补贴政策以外，济南市提出要推动成立城市更新基金，由相关市级投融资平台发起，吸引大型中央和省属施工类、投资类企业参与认筹，保障城市更新项目资本金需求，同时积极争取国家开发银行等政策型银行和商业银行的城市更新信贷支持。

4. 成都市关于城市更新的政策

成都作为西南地区较大的城市，在城市更新方面也一直在探索。2020 年 4 月 26 日，《成都市城市有机更新实施办法》[②] 开始施行。该办法坚持保护优先、产业优先、生态优先，关注城市更新与城市产业变迁之间的关系。不仅如此，该办法指出城市更新过程中应当坚持高水平策划、市场化招商、专业化设计以及企业化运营等理念，坚持用市场化的

---

① 该规划全文参见：http://www.jinan.gov.cn/art/2022/12/12/art_2615_4934625.html?xxgkhide=1。

② 该办法全文参见：https://cdzj.chengdu.gov.cn/cdzj/c131937/2021-09/10/432336211cbe4527bb6a3b4a6f88f3ef/files/fb6c57e40f1d4f0b8b10d969294508a9.PDF。

理念推动城市更新。在管理方式方面，成都市将原市棚户区改造工作领导小组更名为市城市有机更新工作领导小组，领导小组在市住建局下设有办公室，市住建局组建市城市有机更新事务中心承担领导小组办公室具体事务。在土地使用方面，允许按城市规划进行不同地块之间的容积率转移；对于利用既有建筑发展新产业、新业态、新商业等项目，可实行用途兼容使用；并且鼓励地上地下立体开发建设，科学利用城市地下空间资源。在融资渠道方面，鼓励社会资本通过合理方式参与城市有机更新项目；通过探索政府与社会资金合作建设模式设立城市有机更新资金，用于支持城市有机更新工作。

2021年4月8日，《成都市人民政府办公厅关于进一步推进“中优”区域城市有机更新用地支持措施的通知》① 正式发布。在该通知中，成都市将城市更新的改造方式分为三种，分别为自有存量土地自主改造、“地随房走”方式整体改造、房屋征收与协议搬迁方式改造。

在自有存量土地自主改造方面，允许原土地使用权人向区政府（管委会）提出自主改造申请和改造方案，经区政府（管委会）审核同意并将项目搬迁补偿方案报市住建局审查备案后，持新规划条件依法办理土地使用条件变更手续，并按“双评估”补差方式缴纳土地出让价款后，由规划和自然资源主管部门为其办理不动产权变更登记。对于自有存量房自主改造的业主，政府部门在土地政策上给予极大的优惠，对按城市规划要求实施自主改造用于商品住宅开发的，按“双评估”价差的90%收取土地出让价款；用于发展服务业（含总部经济）的商服用地按70%收取土地出让价款；对自持物业比例超过60%（含60%）的按

① 该通知全文参见：https://cdzj.chengdu.gov.cn/cdzj/c131937/2021-09/10/432336211cbe4527bb6a3b4a6f88f3ef/files/a3206c149eb04e6885fe55b1c3ca89b0.PDF。

65%收取土地出让价款；自持全部物业的按60%收取土地出让价款；自持全部物业的省、市重点项目可按不低于55%收取土地出让价款。

对于按照“地随房走”方式整体改造的区域，由区政府（管委会）确定项目实施范围、产业要求等条件，经市住建局备案后，通过公开招标方式依法确定实施主体，由实施主体与实施范围内的房屋所有权人进行平等协商，并完成全部不动产权交易和不动产权转移手续后，凭新规划条件签订土地出让合同，缴纳土地出让价款，依法实施项目整体改造。

对于实施房屋征收与协议搬迁的项目，由区政府（管委会）编制城市有机更新实施计划，确定项目实施边界和规模、房屋征收与协议搬迁实施主体、投融资模式、进度安排等内容，在完成项目区域内房屋征收及协议搬迁补偿形成“净地”后，由区政府（管委会）采取公开方式依法确定土地使用权人。

总体而言，成都市关于城市更新的相关政策，非常鼓励市场主体尤其是产权人主体主动实施更新改造。

5. 西安市关于城市更新的政策

早在2015年，西安市就出台了《西安市老旧住宅小区更新完善工程实施方案》①，将对其新城区、碑林区、莲湖区、雁塔区、灞桥区、未央区范围内1995年以前建成交付使用，建筑面积在5000 $m^2$ 以上，近五年未列入危旧房和棚户区改造计划，土地性质为国有，房屋标准成套的510万 $m^2$ 老旧住宅小区，根据居民意愿进行更新完善。2019年3月，《西安市工业企业旧厂区改造利用实施办法》② 正式出台，该文件

① 该方案全文参见：https://gzc.xauat.edu.cn/info/1383/1398.htm。

② 该办法全文参见：https://www.xa.gov.cn/web_files/xian/attachment/201903/19/2019_03_19_1442_CRMWZN_48947.pdf。

针对的是西安市建成区内的老旧工业企业，要求各类工业企业按照搬迁改造、退二转三、总部建设和改造提升四类进行改造利用。西安为了鼓励工业企业搬迁离开城区，对因搬迁改造被收回原国有土地使用权的工业企业，经批准可采取协议出让方式，严格按照土地使用标准和要求，在承接搬迁企业的开发区、区县工业园区为其安排工业用地。为了方便企业进行安置职工等工作，西安市专门制定了补偿标准，旧厂区原厂址土地由土地储备机构收购储备的，按照市场化模式，由市、区具有土地开发职能的机构实施，补偿标准由土地开发机构与土地使用权人，根据土地评估结果，按照实际土地出让收入不高于35%的标准协商确定。

2022年1月1日，《西安市城市更新办法》① 正式开始实施。该办法明确，西安市实施城市更新的目标是改善人居环境，推动产业转型升级、完善城市功能。在管理方式方面，西安市成立城市更新工作领导小组，设立领导小组办公室。该办法的亮点在于通过让区县等基层单位制定城市更新专项计划以及年度实施计划的方式，确保城市更新工作按照既有计划有序推进，而不会出现在城市更新工作推进过程中“喊口号”却不落实的情况。

6. 武汉市关于城市更新的政策

武汉在城市更新工作中的独特创新是在2020年组建了市一级的城市更新中心，2020年7月30日，《武汉市城市更新中心组建方案》② 印

---

① 该办法全文参见：http://www.xa.gov.cn/gk/zcfg/gz/61af17c7f8fd1c0bdc72f2ad.html。

② 该通知全文参见：http://www.wuhan.gov.cn/zwgk/xxgk/zfwj/bgtwj/202008/t20200806_1416690.shtml。

发，市人民政府成立市城市更新工作领导小组、武汉市城市更新中心和武汉市城市更新投资有限公司。武汉市住房保障房管局将商品房项目中配建的公共租赁住房资产划入更新公司，市财政局负责以现金方式分年度拨付10亿元用于增加更新公司的资本金。该通知明确，市更新中心统筹推进城市更新重难点项目、建立全市城市更新重难点项目库、编制城市更新重难点项目实施计划、审核城市更新重难点项目实施方案。武汉市城市更新公司全流程承担城市更新重难点项目的筹融资、规划设计、还建房筹措、征收补偿、招商引资等工作，可以通过多种方式组建市场化运作的项目公司运作具体项目。

2021年7月2日，武汉市发布了《市人民政府关于进一步提升城市能级和城市品质的实施意见》[1]。该意见指出，城市更新有两方面的任务：一是完善基本公共服务设施、便民商业服务设施、市政配套基础设施和公共活动空间；二是塑造城市历史文化风貌，推进武昌古城、汉口历史文化街区等片区保护，打造一批“可阅读的建筑、有记忆的里弄、能漫步的街区”。为此，武汉市成立了市城市能级和城市品质“双提升”工作领导小组，由市人民政府主要领导同志担任组长。领导小组下设规划、建设、管理三个专项工作小组，分别由市人民政府分管领导同志担任组长，专项工作小组办公室分别设在市自然资源和规划局、市城乡建设局、市城管执法委，负责任务分解、组织协调、督促指导、评估评议等工作。

2021年7月8日，武汉市为了进一步推动老旧小区改造，发布了

① 该意见全文参见：http://www.wuhan.gov.cn/zwgk/xxgk/zfwj/szfwj/202107/t20210702_1731398.shtml。

《市人民政府办公厅关于进一步推进城镇老旧小区改造工作的通知》①，该通知将更新改造的范围确定为2000年底之前建成的失养失修失管、市政配套设施不完善、社区服务设施不健全且居民改造意愿强烈的老旧小区。在完成2000年底之前建成的老旧小区改造任务的前提下，有条件的区可以适当将2005年底之前建成的小区纳入老旧小区改造范围。在资金筹集方面，一是鼓励多渠道筹集老旧小区改造资金，引导水、电、气等专营单位履行社会责任，出资同步参与老旧小区相关管线设施的改造提升；二是按照谁受益、谁出资的原则，鼓励居民、原产权单位对老旧小区改造给予资金等支持；三是积极探索通过新增设施有偿使用等方式，吸纳社会资本投资参与老旧小区改造工作；四是充分发挥财政资金的杠杆作用，引导金融机构积极参与老旧小区改造；五是鼓励大型企业参与老旧小区改造。

可以说，武汉市在推进城市更新的实践中，从组织构架、实施主体以及资金筹措方面，提供了可以供其他城市参考的案例。

## 三、其他经济较为发达的地级市城市更新政策评述

除上述经济体量较大的省会城市外，一些经济体量较大的地级市也在积极推进城市更新工作。这些地级市基本位于沿海发达地区，本小节将就青岛、无锡、常州、佛山、东莞等地的城市更新政策进行梳理分析。

### 1. 青岛市关于城市更新的政策

2021年1月，青岛市人民政府办公厅《关于加快推进城镇老旧小

① 该通知全文参见：http://www.wuhan.gov.cn/zwgk/xxgk/zfwj/bgtwj/202107/t20210708_1734687.shtml。

区改造工作的实施意见》[①] 正式发布，该意见将2005年12月31日前在城市国有土地上建成，失养失修失管严重、市政配套设施不完善、公共服务和社会服务设施不健全、居民改造意愿强烈的住宅小区都认定为城镇老旧小区。该意见将老旧小区改造类别细分为基础类、完善类与提升类。在吸引资金方面，青岛市除鼓励引入社会资本以及引导居民出资外，还鼓励专营单位投资，在遇到设施产权不属于专营单位的，政府通过“以奖代补”等方式，支持专营单位出资改造，与城镇老旧小区改造同步设计、同步实施，并由专营单位负责后续的维护管理。

2021年4月19日，青岛市人民政府发布了《关于推进城市更新工作的意见》[②]，该意见将青岛城市更新的目标定义为实现城市功能完善、产业空间拓展、土地集约利用、市民方便宜居四个目标。青岛市是在诸多城市中较为重视“土地集约利用”的城市，提出将投资强度、容积率、地均产出强度等控制指标明显低于地方行业平均水平的产业用地纳入城市更新的范围进行升级改造。在城市居住区域更新方面，青岛市强调应当按照街区街坊尺度，保证基础设施和公共服务设施相对完整，综合考虑道路、河流等自然要素及产权边界等因素，划定相对成片的区域，应该说考虑到了街坊作为城市更新基本单元的必要性。在旧工业区更新改造方面，青岛市要求按照产业发展和布局规划落实工业区块控制线，严控工业用地擅自调整用途，稳定和保障工业用地规模比例，并满足战略性新兴产业和先进制造业发展空间，同时，允许适度配套必要的

---

① 该意见全文参见：http://www.qingdao.gov.cn/zwgk/xxgk/bgt/gkml/gwfg/202112/t20211207_3919155.shtml。

② 该意见全文参见：http://zrzygh.qingdao.gov.cn/zfxxgk/fdzdgknr_41/gwfg_41/202204/t20220402_5167833.shtml。

生活和生产服务设施，体现产城融合。

2. 无锡市关于城市更新的政策

无锡市在推进城市规划过程中非常重视专家学者特别是城市规划领域的专家提供的专业性意见。例如，无锡城市发展研究中心主办的系统化推进城市更新课题研讨会，邀请各类专家提供意见。再比如，无锡市人民政府与中国城市规划设计研究院签订战略合作框架协议，力争在城市更新模式机制等方面探索新路径、实现新突破。

2021 年 2 月，无锡市《关于加快推进城市更新的实施意见（试行）》[①] 开始实施，该文件将无锡城市更新的实施范围确定为城镇棚户区（危旧房、城中村）、老旧小区以及其他各类老旧建筑（老旧厂房、办公用房等），明确要通过“拆除、改造、整治”三种方式，统筹推进片区综合有机更新。在管理机制上，无锡市整合原市棚户区（危旧房）改造领导小组、市老旧住宅改造领导小组，成立市城市更新工作领导小组。在实施主体方面，允许物业权利人、政府指定的国有平台作为实施主体，也可以引入社会资本参与城市更新。在资金来源方面，无锡市与其他城市并无太大差别，同样鼓励多渠道融资。在税费减免方面，无锡市为了吸引公用设施相关企业参与城市更新，明确电力、通信、市政公用等企业要积极支持城市更新工作，适当减免入网、管网增容等经营服务性收费；对于符合规定的城市更新项目，可以按规定享受行政事业性收费和政府性基金相关减免政策。

3. 常州市关于城市更新的政策

2017 年 8 月 24 日，为了进一步推动城市更新相关工作，常州市制

① 该通知全文参见：https://www.wuxi.gov.cn/doc/2021/07/22/3365797.shtml。

定并颁布了《常州市市区三改工作实施意见》①，将列入政府改造计划的危旧房、城中村、低洼地纳入改造范围，坚持“一地一策”，对相关项目可采取拆除新建、改建（扩建、翻建）、综合整治等多种形式。为了大力推进该项工作，常州市成立了高级别的市“三改”工作领导小组，由市长任组长，分管副市长任副组长。常州市在资金政策支持方面力度较大，该实施意见规定，对改造难度大、无法利用市场运作平衡的项目，按“一地一策”原则一事一议，应先通过“规划挖潜”的办法平衡资金，经“规划挖潜”后仍不能平衡的，可依次采用“税费优惠”“地块平衡”等政策保障改造实施，基础设施的费用由实施单位按收费标准的80%予以优惠。

2021年8月23日，常州市人民政府为了进一步推动老旧小区改造，印发了《常州市城镇老旧小区改造工作实施意见》②，其重点改造范围为2000年底前建成的城镇老旧小区。当前，我国数字经济发展如火如荼，人口老龄化趋势也不可避免，常州市在该意见中关注到了我国经济发展的新变化，提出在老旧小区改造中要统筹推进5G通信基础设施建设、有条件的增设物业服务设施及“一老一小”社区服务设施等新的要求。在居民出资方面，常州市的政策也有新意，该意见鼓励探索建立居民补缴、续筹住宅专项维修资金的途径，从而可通过使用住宅专项维修资金维修房屋共用部位、共用设施设备，也鼓励居民直接出资同步进行门窗节能改造、户内绿色装修等活动。

---

① 该意见全文参见：http://www.changzhou.gov.cn/ns_news/104150353728436。

② 该意见全文参见：http://www.changzhou.gov.cn/gi_news/431631002025579。

#### 4. 佛山市关于城市更新的政策

作为广东省经济体量较大的城市，佛山市在推进城市更新方面非常积极。2019年，佛山市成立了“城市更新局”，这样以“城市更新”命名的政府工作部门在经济体量较大的城市里属于较为少见的情况。在佛山城市更新局成立之前，佛山市在2018年9月出台了《佛山市人民政府办公室关于深入推进城市更新（“三旧”改造）工作的实施意见（试行）》[①]。该文件规定了城市更新的范围：城市基础设施和公共设施亟须完善的区域；人居环境恶劣、环境污染严重或者存在重大安全隐患的区域；现有土地用途、建筑物使用功能或者资源、能源利用明显不符合社会经济发展要求，影响城乡规划实施的区域；其他经市或区级人民政府认定属于城市更新的情形。在资金保障方面，佛山市的政策主动让利于民，该文件要求各区应在城市更新项目土地出让收益（政府所得部分）中提留不少于10％，用于推进城市更新；在创新融资方面，在佛山市基础设施投资基金下设立城市更新专项子基金，重点扶持历史文化街区更新、城市形态提升、村级工业园整治提升等城市更新项目。

佛山市在推动“三旧”改造工作中较好的做法是强调了“公益性用地”在城市更新中的重要性。比如，要求城市更新单元内可供无偿移交给政府，用于建设公益性项目的独立用地应大于3000平方米。再比如，要求在拆除重建范围内将不低于该范围面积15％的用地用于建设公益性项目，其中通过现状工业改造为经营性开发项目（不含工业提升项目），其公益性项目的用地比例不得低于25％，绿地率不得低于30％。

2020年1月1日，为了进一步推动城市更新，《佛山市人民政府关

① 该意见全文参见：https://www.foshan.gov.cn/gkmlpt/content/2/2003/post_2003424.html#37。

于深化改革加快推动城市更新（“三旧”改造）促进高质量发展的实施意见》[①] 正式施行。相比较佛山市 2018 年出台的关于“三旧”改造的文件，该意见有以下三个方面的亮点。

第一，支持整体连片改造。佛山规定，对于纳入“三旧”改造范围、位置相邻的集体建设用地与国有建设用地，可一并打包进入土地市场；改造项目面积在 200 亩（含）至 300 亩的，“挂账收储”公开出让类补偿原权属人标准提高 2%，协议出让类出让金计收比例下调 2%；面积在 300 亩（含）至 400 亩的，相应比例调整至 3%；面积在 400 亩（含）至 500 亩的，相应比例调整至 4%；面积在 500 亩及以上的，相应比例调整至 5%。

第二，最大限度优化利益分配。佛山市“三旧”改造项目所产生的土地增值税收入（全口径）较上一年度增长超过 8%的部分，由省按 30%的比例核定补助佛山市后，按有关规定返还给各区。同时，加大对“工改工”及公益性项目奖补力度。

第三，通过司法手段保障推动城市更新。对由市场主体实施且“三旧”改造方案已经批准的拆除重建类改造项目，如果原权利主体对搬迁补偿安置协议不能达成一致意见且符合以下四类情形的，原权利主体或经批准的改造主体均可向项目所在地区级及以上人民政府申请裁决搬迁补偿安置协议的合理性，并要求限期搬迁。这四类情形分别是：第一，土地或地上建筑物为多个权利主体按份共有的，占份额不少于 2/3 的按份共有人已签订搬迁补偿安置协议；第二，建筑物区分所有权的，专有

---

① 该意见全文参见：http://www.foshan.gov.cn/gkmlpt/content/3/3681/post_3681476.html#38。

部分占建筑物总面积不少于 2/3 且占总人数不少于 2/3 的权利主体已签订搬迁补偿安置协议；第三，拆除范围内用地包含多个地块的，符合上述规定的地块总用地面积应当不少于拆除范围用地面积的 80%；第四，属于旧村庄改造用地，农村集体经济组织以及不少于 2/3 的村民或户代表已签订搬迁补偿安置协议。这样的制度安排为解决城市更新中的“钉子户”扫清了障碍，有利于城市更新活动高效开展。

5. 东莞市关于城市更新的政策

东莞市虽然没有独立运行的城市更新局（2017 年成立，后职能并入自然资源局），但是东莞市城市更新协会于 2018 年 5 月正式挂牌成立，业务主管部门为东莞市自然资源局，东莞通过社会组织促进城市更新的做法值得其他城市参考。

2018 年 8 月 15 日，东莞市人民政府《关于深化改革全力推进城市更新提升城市品质的意见》① 正式印发，该意见提出东莞要成立市城市更新领导小组，由市长任组长，分管副市长任副组长，市相关职能部门和各镇街主要负责同志为成员，市城市更新局承担领导小组日常工作，负责牵头协调推进城市更新工作。东莞的城市更新领导机构不仅级别高，而且要求各镇街要成立相应的工作机制，强化市镇两级和部门联动，共同谋划推动城市更新工作。为了完善单一主体公开挂牌招商的细节流程，2019 年 5 月 7 日东莞市人民政府办公室又发布了《东莞市城市更新单一主体挂牌招商操作规范（试行）》②。东莞市关于城市更新的政策具有以下三个亮点。

---

① 该意见全文参见：https://www.doc88.com/p-73647190643356.html。

② 该通知全文参见：http://www.dg.gov.cn/zwgk/zfgb/szfbgswj/content/post_2421661.html。

第一，创设单一主体挂牌招商改造和供地模式。以更新单元为基本单位，创设单一主体挂牌招商改造和供地模式，其目的是通过捆绑公共配建责任，实现公共利益与市场活力的最优平衡。

第二，坚持扶持实体经济。对于集体建设用地“工改工”项目，经与集体协商可参照国有土地延长使用年限，无需公开交易。同时，放宽“工改工”项目产权分割限制，工业生产使用部分允许全部分割销售，不再限定总建筑面积和单栋建筑面积；在城市更新范围内实施“工改M0”的，M0土地使用最高年限为50年。

第三，创新使用股权混合参与更新改造。鼓励利用市城市更新基金，搭建开放式社会资金参与平台，引入具备产业开发资源的大型开发企业作为战略投资者，鼓励园区、镇街、村组集体土地基金、个人跟投，加快不动产权益的整合。

## 四、各类城市关于城市更新政策的评述

通过对上述不同城市在城市更新方面政策的回顾，可以发现不同的城市面临的城市更新具体的任务不尽相同，同时也针对自身情况做出了一些探索。总体来看，中国目前各大城市在城市更新方面的政策存在以下几个特点。

第一，不同城市在城市更新中面临的问题与城市发展所处的不同阶段相关。通过对上述城市城市更新政策的回顾，我们发现，有的城市在很多年前就已经开始了城市更新的相关工作，从曾经的“三旧改造”“棚户区改造”已经过渡到全面推进城市更新行动阶段，并且有的城市已经开始制定城市更新的总体规划；有的城市的城市更新工作还处于刚起步阶段，正在陆续推进“三旧改造”；有的城市不仅面临旧城区、旧

工业区的升级改造问题，还面临着城中村等更加棘手的问题。究其根源，关键在于上述城市发展阶段不同，一般情况下，东部沿海地区的城市经济起步早，在城市大规模建设启动时城市规划水平较低，也就使得城市更新面临更多的问题。

第二，不同城市在城市更新领域的创新做法值得推广。城市更新过程中有诸多难题需要解决，诸如，资金平衡的问题、如何处理好房地产开发与实体经济之间关系的问题等。近年来，各地在实践城市更新的过程中，积累了多种创新的做法。例如，有的城市通过设立高级别城市更新领导小组的办法加强城市更新过程中的统筹与协调；有的城市成立了城市更新局重点推进各项工作；有的城市主动让利于民，将土地在城市更新中升值的部分都留存给原住民或者城市更新实施方；有的城市则通过基金等新型融资工具筹集更多资金；等等。

第三，做好城市更新工作需要各类参与方继续创新实践。随着城市经济的进一步发展，城市中各种产业对于空间载体的要求会越来越高，但是城市不可能无限制扩大，因此，城市更新工作将越来越重要。在城市更新过程中，不能仅仅依靠城市管理部门的政策，也需要实施者、社会资本、专业运营商以及原住民的合作与支持。

## 第三节　土地管理法规与城市更新

在城市更新过程中，除地方政府的政策法规对城市更新活动具有影响之外，《土地管理法》也会对城市更新活动产生影响。2020 年 1 月 1 日正式实施的新《土地管理法》对集体土地征收做了新的规定，这将会对城中村的更新改造产生较大的影响。

## 一、新《土地管理法》对集体土地的影响

党的十八大胜利召开以来，以习近平同志为核心的党中央高度重视各种类型土地使用政策的不断优化。习近平总书记关于土地方面的论述主要集中在以下几个方面。第一，强调耕地保护。习近平总书记在《求是》杂志发表重要文章《切实加强耕地保护 抓好盐碱地综合改造利用》[①]；习近平总书记2023年在参加十四届全国人大一次会议江苏代表团审议时指出，“要严守耕地红线，稳定粮食播种面积”[②]；2022年3月，习近平总书记指出“要落实最严格的耕地保护制度，加强用途管制，规范占补平衡”[③]；等等。以上重要论述表明，统筹安全与发展两件大事需要把粮食供给安全作为主要任务之一，这就需要强调耕地保护。第二，强调提高土地集约化使用程度。2013年12月，习近平总书记在中央城镇化工作会议上指出，“按照促进生产空间集约高效、生活空间宜居适度、生态空间山清水秀的总体要求，形成生产、生活、生态空间的合理结构。减少工业用地，适当增加生活用地特别是居住用地”[④]；习近平总书记在中共中央政治局第四十一次集体学习时指出，“要树立节约集约循环利用的资源观，用最少的资源环境代价取得最大

---

① 该文章参见：https://www.gov.cn/yaowen/liebiao/202311/content_6917803.htm。

② 参见：https://www.gov.cn/xinwen/2023-03/05/content_5744877.htm。

③ 参见：http://www.cppcc.gov.cn/zxww/2022/03/06/ARTI16 46577477981140.shtml?eqid=c825a5bb00047b3b00000002644c65d5&eqid=a1ced36 a00052e3500000003647ef97e。

④ 参见：https://www.gov.cn/guowuyuan/2013-12/14/content_2591043.htm。

的经济社会效益”[①]；等等。以上重要论述表明，我国城市空间规模不可能无限制扩大，促进城市中土地合理利用是今后土地使用制度改革的方向。第三，强调深化农村土地制度改革。2014 年 9 月，习近平总书记在中央全面深化改革领导小组第五次会议上指出，“现阶段深化农村土地制度改革，要更多考虑推进中国农业现代化问题，既要解决好农业问题，也要解决好农民问题，走出一条中国特色农业现代化道路。我们要在坚持农村土地集体所有的前提下，促使承包权和经营权分离，形成所有权、承包权、经营权三权分置、经营权流转的格局”[②]；2016 年 4 月，习近平总书记在农村改革座谈会上指出，“不管怎么改，不能把农村土地集体所有制改垮了，不能把耕地改少了，不能把粮食生产能力改弱了，不能把农民利益损害了”[③]；等等。

由此可见，我国经济进入新的发展阶段以来，各类关于土地使用制度的调整，基本围绕以上三个方面展开，各类法律法规在耕地保护、土地集约化使用以及深化农村土地制度改革方面进行了相应的调整。2011 年 1 月 21 日发布的《国有土地上房屋征收与补偿条例》[④] 规范了国有土地上的房屋征收与补偿活动，但对于集体土地上房屋征收与补偿的规定处于落后地位。2012 年国务院常务会议提出，中国要推进农村集体土地确权登记发证，扩大农村土地承包经营权登记试点，制定出台农村

① 中共中央政治局第四十一次集体学习相关内容参见：https://www.gov.cn/xinwen/2017-05/27/content_5197606.htm。

② 关于该会议的新闻报道参见：https://www.dswxyjy.org.cn/n1/2023/0530/c457345-40002322.html。

③ 参见：https://news.cnr.cn/native/gd/sz/202306 25/t20230625_526302310.shtml。

④ 该条例全文参见：http://www.gov.cn/zwgk/2011-01/21/content_1790111.htm。

集体土地征收条例[①]。但是，有关集体土地征收的相关条例迟迟没有发布。2019 年 8 月 26 日，第十三届全国人大常委会第十二次会议审议通过了《中华人民共和国土地管理法》修正案，新《土地管理法》于 2020 年 1 月 1 日起正式施行[②]，对集体土地使用相关问题进行了明确。

1. 集体土地征收与补偿相关规定的现状

旧《土地管理法》规定“国家为了公共利益的需要，可以依法对土地实行征收或者征用并给予补偿”。但是对“公共利益”的界定不明确导致了对这一规定的滥用，以“公共利益”为由从事经营性和营利性活动的行为严重损害了农民集体的权利。地方政府通过征收集体土地，再以较低的土地价格招商引资，或将土地高价卖出增加地方政府收入，进而形成了一种不可持续的路径依赖。因此，部分地方政府在利益驱动下，大量征用农村集体土地，超额使用或预支建设用地指标，导致了农地非农化和耕地的减少。不仅如此，在旧《土地管理法》的政策背景下，集体土地不能够直接入市，影响了乡村的发展。

随着土地制度改革的深化，这一现象得到了改善。对于农村集体经营性建设用地，《中共中央关于全面深化改革若干重大问题的决定》[③]指出要建立城乡统一的建设用地市场，在符合规划和用途管制前提下，允许农村集体经营性建设用地出让、租赁、入股，实行与国有土地同等入市、同权同价。农村集体经营性建设用地不再需要经过征收环节就可

---

① 相关内容参见：https://www.gov.cn/ldhd/2012-02/15/content_2067719.htm。

② 新《土地管理法》修正情况参见：https://www.gov.cn/xinwen/2019-08/26/content_5424727.htm。

③ 该决定全文参见：https://www.gov.cn/jrzg/2013-11/15/content_2528179.htm。

以直接入市。不仅如此，新《土地管理法》第四十五条对“公共利益”进行了明确的界定。同时，新《土地管理法》提出实行永久基本农田保护制度，规定涉及农用地转用或者土地征收的必须经国务院批准。通过将这部分农田的转用和征收的权利由地方政府转移到中央，避免了地方政府的“道德风险”和“寻租行为”。

2. 新《土地管理法》关于集体土地征收方式改变的突破点[①]

新《土地管理法》中涉及集体土地征收使用方面的修改为解决集体土地征收与补偿中的矛盾指明了方向。新《土地管理法》关于集体土地征收使用方式改变的重大突破主要体现在以下几个方面。

第一，允许集体建设用地直接入市。新修改的《土地管理法》在法律层面上为农村集体建设用地进入市场扫除了法律障碍，删除了《土地管理法》（2004 年）的第四十三条——“任何单位和个人进行建设，需要使用土地的，必须依法申请使用国有土地；但是，兴办乡镇企业和村民建设住宅经依法批准使用本集体经济组织农民集体所有的土地的，或者乡（镇）村公共设施和公益事业建设经依法批准使用农民集体所有的土地的除外。前款所称依法申请使用的国有土地包括国家所有的土地和国家征收的原属于农民集体所有的土地”。这一改变使得集体建设用地与国有建设用地同权同价，也就是说实现了乡村土地和城乡土地平等入市。允许集体经营性建设用地进入国有建设用地市场，共同开展公平交易、进行公平竞争，有利于充分发挥“市场在土地资源配置中的决定性作用”，进而促进城乡融合发展。

---

① 本段内容在“全国人民代表大会常务委员会关于修改《中华人民共和国土地管理法》、《中华人民共和国城市房地产管理法》的决定”的基础上分析获得，参见：https://www.gov.cn/xinwen/2019-08/26/content_5424727.htm。

此外，新《土地管理法》将第六十三条进行了修改，允许集体经营性建设用地在符合规划（土地利用总体规划、城乡规划确定为工业、商业等经营性用途）、依法登记，并经本集体经济组织成员的村民会议三分之二以上成员或者三分之二以上村民代表同意的条件下，土地所有权人可以通过出让、出租等方式交由单位或者个人使用。同时“通过出让等方式取得的集体经营性建设用地使用权可以转让、互换、出资、赠与或者抵押，但法律、行政法规另有规定或者土地所有权人、土地使用权人签订的书面合同另有约定的除外”。这一条款的调整改变了过去“农民集体所有的土地的使用权不得出让、转让或者出租用于非农业建设”的局面，并有望推动配套规范性文件的制定和地方性法规的突破。

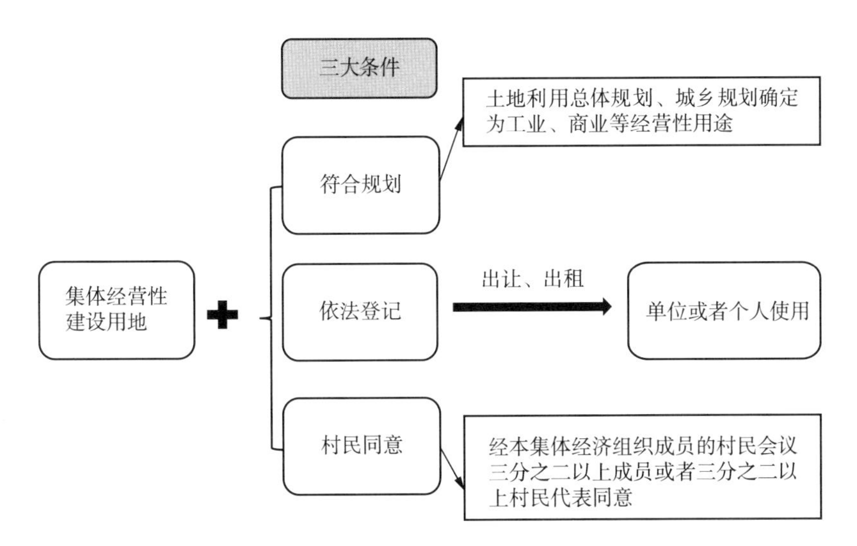


**图 2－1　新《土地管理法》第六十三条内容图示**

资料来源：根据新《土地管理法》第六十三条绘制。

第二，明确界定了公共利益的范围。新《土地管理法》第四十五条通过列举的形式明确了公共利益的范围。出于公共利益是国家征收集体土地的前提条件，过去“公共利益”概念的未明确阐述使得地方政府在对集体土地实施征收过程中缺乏必要的公共利益认定程序，损害了被征收者的合法权益。新法第四十五条的具体规定为："为了公共利益的需要，有下列情形之一，确需征收农民集体所有的土地的，可以依法实施征收。(一) 军事和外交需要用地的；(二) 由政府组织实施的能源、交通、水利、通信、邮政等基础设施建设需要用地的；(三) 由政府组织实施的科技、教育、文化、卫生、体育、生态环境和资源保护、防灾减灾、文物保护、社区综合服务、社会福利、市政公用、优抚安置、英烈保护等公共事业需要用地的；(四) 由政府组织实施的扶贫搬迁、保障性安居工程建设需要用地的；(五) 在土地利用总体规划确定的城镇建设用地范围内，经省级以上人民政府批准由县级以上地方人民政府组织实施的成片开发建设需要用地的；(六) 法律规定为公共利益需要可以征收农民集体所有的土地的其他情形。"这一规定使得公共利益的范围得到了框定和缩减。

上述针对公共利益范围的表述从实体上和程序上阐释了公共利益的内涵，能够在集体土地征收过程中有效制约政府土地行政部门的权利，防止随意侵占农民土地行为的发生，切实保障农民集体及其成员的土地所有权不受侵犯。

第三，宅基地制度改革。宅基地制度的改革在新《土地管理法》和《中央农村工作领导小组办公室、农业农村部关于进一步加强农村宅基地管理的通知》① (以下简称《通知》) 中都有体现。《通知》在 2019 年 9 月 20 日由中央农村工作领导小组办公室、农业农村部针对宅基地管理薄弱的情况发布。关于"宅基地"的改革包括以下四个方面。一是

---

① 该通知全文参见：http://www.moa.gov.cn/govpublic/NCJJTZ/201909/t20190920_6328397.htm。

保障村民实现户有所居。新法规定“人均土地少、不能保障一户拥有一处宅基地的地区，县级人民政府在充分尊重农村村民意愿的基础上，可以采取措施，按照省、自治区、直辖市规定的标准保障农村村民实现户有所居”。这既响应了习近平总书记“实现全体人民住有所居目标”的号召，也紧密关系到农村村民安居乐业的福祉。二是严格落实“一户一宅”规定。新法进一步明确指出“农村村民出卖、出租、赠与住宅后，再申请宅基地的，不予批准”。《通知》中也要求：严禁城镇居民到农村购买宅基地，严禁下乡利用农村宅基地建设别墅大院和私人会馆；严禁借流转之名违法违规圈占、买卖宅基地。关于历史遗留问题，《通知》强调“对历史形成的宅基地面积超标和‘一户多宅’等问题，要按照有关政策规定分类进行认定和处置”。三是下放宅基地审批权限。新法规定，农村村民住宅用地由乡（镇）人民政府审核批准，改变了过去经乡（镇）人民政府审核、由县级人民政府批准的局面。审核与批准机关的统一有利于简化办事流程，提高行政效率，对住宅用地审批权限的下放赋予了地方政府更大的自主权。《通知》进一步明确了乡镇政府的职责，包括“因地制宜探索建立宅基地统一管理机制，依托基层农村经营管理部门，统筹协调相关部门宅基地用地审查、乡村建设规划许可、农房建设监管”等。四是允许村民自愿有偿退出宅基地。新《土地管理法》第六十二条规定：“国家允许进城落户的农村村民依法自愿有偿退出宅基地，鼓励农村集体经济组织及其成员盘活利用闲置宅基地和闲置住宅。”这一条款强调了退出宅基地的对象为进城落户的农村村民，前提为“依法”“自愿”和“有偿”。进城落户的村民可能在较长一段时间内不再回农村居住，有些青年人甚至将家中的老人接到城中赡养，这就造成了宅基地的闲置和荒废。依照新法，在此基础上可以考虑允许这部分农村村民退出宅基地，但实施过程中必须考虑依法实施、自愿性和有偿性。

关于“盘活利用闲置宅基地和闲置住宅”，《通知》对于宅基地租赁和转让的规定如下：一方面，鼓励村集体和农民盘活利用闲置宅基地和闲置住宅，通过自主经营、合作经营、委托经营等方式，依法依规发展农家乐、民宿、乡村旅游等；另一方面，在征得宅基地所有权人同意的前提下，鼓励农村村民在本集体经济组织内部向符合宅基地申请条件的农户转让宅基地。在保证集体土地所有权不变的前提条件下，放开宅基地使用权的租赁和转让能够有效发挥市场在土地资源配置中的决定性作用，可以提高土地的收益，使用权的流转有望实现所有者和投资者的共赢。

综上所述，宅基地是“农村村民用于建造住宅及其附属设施的集体建设用地，包括住房、附属用房和庭院等用地”，宅基地改革是农村“三块地”改革的重要组成部分。宅基地的改革和工作要落实新修订的《土地管理法》，地方政府要参照《关于进一步加强农村宅基地管理的通知》，结合地方政府的实际情况出台配套规定和文件，做好宅基地基础工作。

第四，强调规划的作用。我们从条款中发现，新法强调在土地使用、管理方面应遵循“规划先行”的原则。新增内容第十八条强调，国家建立国土空间规划体系。编制国土空间规划应当坚持生态优先，绿色、可持续发展，科学有序统筹安排生态、农业、城镇等功能空间，优化国土空间结构和布局，提升国土空间开发、保护的质量和效率。依法批准的国土空间规划是各类开发、保护、建设活动的基本依据。已经编制国土空间规划的，不再编制土地利用总体规划和城乡规划。第三十五条强调，禁止通过擅自调整县级土地利用总体规划、乡（镇）土地利用总体规划等方式规避永久基本农田农用地转用或者土地征收的审批。第六十四条新增，集体建设用地的使用者应当严格按照土地利用总体规划、城乡规划确定的用途使用土地。以上条款意味着，对集体土地进行征收或者转为建设用地必须按照各类规划进行。

第五，延长土地承包期。十九大报告提出“保持土地承包关系稳定并长久不变，第二轮土地承包到期后再延长三十年”，初步解决了公众关于“土地承包到期之后”的疑问。新《土地管理法》规定“家庭承包的耕地的承包期为三十年，草地的承包期为三十年至五十年，林地的承包期为三十年至七十年；耕地承包期届满后再延长三十年，草地、林地承包期届满后依法相应延长”，既对耕地、草地、林地的承包期作出区别对待，也明确了三者承包期满后延期的问题。

我国农村的土地承包制第一轮自 1983 年起至 1997 年止，承包期为 15 年；第二轮自 1997 年起，承包期为 30 年。延长 30 年的规定对于农村集体土地的影响表现在以下两个方面：一是由于农业具有生产周期长、获得收益慢的特点，当农民的产权很短或者产权得不到保障时，他们更倾向于加剧土地使用，不顾休养生息，着眼于当下的产出；二是当农民拥有长期稳定的产权时，更倾向于考虑土地的未来收益，加强土地保护。

综上所述，新《土地管理法》在允许集体建设用地直接入市、加强永久基本农田的保护、明确界定公共利益的范围等方面取得了不小的突破，有利于破除农业生产效率低下、地方政府肆意征收集体土地等弊端。

## 二、新《土地管理法》对城中村更新改造的影响

城中村并不是简单意义上的农村，而是当城市发展速度太快时，很

多原来是农村的地方被城市建筑包围其中。如果在城市空间规模扩张的过程中，按照先进行土地收储再公开拍卖的顺序，那就不会产生城中村现象。城中村往往是因为城市中的集体土地尚未来得及走相应的征收再出让的流程，被国有用地包围其中，久而久之产生的新问题。这些新问题包括城中村缺乏规划导致建筑杂乱、城中村管理方式落后于城市发展等。新《土地管理法》对于城中村更新产生的影响包含以下三个方面。

第一，城中村的更新改造应该纳入城市建设总体规划。新《土地管理法》强调了统一规划在城乡建设中的重要性，因此，城市总体规划不能绕开城中村，更不能因为其按照村组织的管理方式就放任不管，而是应当不断修订城市的规划，在科学规划确定后，再启动城中村的更新改造。

第二，对城中村的改造不能随意开展“大拆大建”工作。城中村内部地块性质与建筑物用途较为复杂，有老百姓自建用来居住的房屋，也有村集体自建用来生产的厂房，还有很多建筑用于出租使用。新《土地管理法》强调要保障集体土地上居民的基本生活，也强调要保障租赁者的权利。因此，在城中村更新时，要对其内部的地块与建筑情况进行充分摸底调研，不能随意“大拆大建”，要在尊重各方利益诉求的基础上形成可行的更新改造方案。

第三，应当充分发挥村集体经济组织的作用。新《土地管理法》表明了集体经济组织在村集体土地出让过程中的作用，不管是在决策阶段还是土地使用权益的分配阶段，集体经济组织不仅能够团结村民，还可以发挥经济主体职能。因此，在城中村改造过程中，要鼓励其通过现代化企业管理制度提升经营能力，从而充分发挥村级集体经济组织作用。

# 第三章　城市商业活动区域的城市更新

城市中的商业活动区域，或者说商业集聚区，是城市空间中比较重要的区域，城市居民因为有较为便利的商业设施而集聚，而城市居民的集聚又会促进商业中心的发展。但是，商业活动区域也会因为科学技术、产业发展以及人们需求的变化而需要不断改变。本章节将就商业活动区域需要更新的主要背景、主要模式以及典型案例进行分析。

## 第一节　商业活动区域城市更新概述

从城市居民的直观感受出发，城市商业活动区域经历多种形式的变化。例如，有的地区大多是沿街的小商铺，有的区域是较为集中的批发市场，有的区域是大型商场分布的集中区，等等。近年来，以餐饮、娱乐休闲以及购物等为一体的大型商业综合体更受老百姓的欢迎，沿街商铺或者小商品集散地这些商业区域的风光已经不再。很显然，城市商业有其发展的规律，这些商业活动的区域也应该随着时代发展而变化。这就需要在城市更新进程中重视城市商业活动区域的更新改造。国内外一些商业活动区域更新改造的事实也说明了商业区域的城市更新并不是某个城市遇到的特有的现象，而是城市发展过程中的普遍问题。

以韩国首尔东大门批发市场为例，其位于韩国首尔，是亚洲规模最大的批发市场之一，以服装批发为主。始建于20世纪初的韩国东大门市场，随着自身经营成本的上升与电子商务的冲击，原先单一的批发型商业模式失去竞争力，难以为继。在此背景下，政府采取了“原地升级”的方式和“政策引导、多元融入、划区经营、零整结合”的转型策略，通过集聚创新的产业发展指引、多元复合的商贸功能模式、层级分化的空间结构、错时分级的物流组织等方式，韩国首尔东大门市场顺利完成了转型升级①。根据赵家恒的研究，韩国东大门批发市场一共经历了三个发展阶段：带状顺延发展阶段、多核集群发展阶段与综合发展阶段②。在带状顺延发展阶段，商铺沿街顺延发展，商业形态以服装经营、辅料批发的沿街商铺为主。在多核集群发展阶段，形成西部零售区和东部批发区，各种业态更加多元，包括传统批发市场、百货商场、专卖店、综合购物中心等。在综合发展阶段，产业链纵向延伸，从而形成集产品研发、制作、销售于一体的服装产业集聚，附加值不断提升；同时产业链在横向上耦合振动，形成以零售、餐饮、休闲、健身等服务为一体的综合购物中心。根据李箭飞、王蒙的研究，韩国东大门批发市场的更新有如下特点。第一，政策支持，推动产业发展。在宏观层面，首尔市政府制定《首尔城市基本规划2030》，将东大门定义为首尔的时尚中心，对时尚创意产业的发展给予政策支持。在微观层面，将分散于居住区底层的缝纫工厂进行聚集。第二，多元融入，丰富商贸功能。在销售渠道中融入电子商务，实现线上线下的同步，促使东大门地区由单一的沿街批发经营转向功能分区、批零结合、错时经营的综合市场，形成

---

① 赵家恒.大城市传统专业市场有机更新的规划实践与路径选择——以杭州四季青服装市场为例［D］.杭州：浙江工业大学，2017.

② 同①。

集生产、设计、研发、交易、展示、零售及批发于一体的服装交易中心。第三，划区经营，合理组织空间结构。将批发区、零售区、物流区、商贸区、创意区等功能区分开，有利于有效分散人流物流，提高经营效率①。

以武汉汉正街服装批发市场为例，汉正街传统商贸区位于武汉长江主轴核心段的中心区域。随着城市化的不断发展，汉正街面临两个新的问题：一方面，由于城市中心区域租金成本上升、交通拥挤导致的物流成本上升、国际产业分工调整、电子商务崛起、大型服装连锁零售商冲击、服装产业结构创新化趋势以及资本和产业支撑缺乏等原因，传统商贸市场失去了原有的竞争优势，亟待转型升级；另一方面，由于空间缺乏统一合理的规划、功能组织不合理，配套设施不完善，与城市空间结构的优化调整产生冲突，甚至还出现安全隐患②，亟待进行规划更新③。根据王洁心、张毅的研究，武汉汉正街服装批发市场具有如下的优势条件：第一，具有悠久深厚的历史文化底蕴，既是明清时期的贸易中心，也是近代工业革命中开启武汉市城市文明的龙头；第二，具备独一无二的区位优势，位于长江主轴核心段的中心区域，兼备滨江的景观资源；第三，具备集中成片的开发空间，核心区域可开发土地规模约为1650亩。④ 在此

---

① 李箭飞，王蒙．旧城中心区服装批发市场的空间结构特征及规划策略——以韩国首尔东大门批发市场为例［J］．规划师，2015，31（12）：130－135．

② 关于2009年武汉汉正街火灾的报道，参见：http://news.cjn.cn/24hour/24horindex/200902/t867773.htm。

③ 本案例参考：（1）杨洁．历史延续性视角下的汉正街批发市场产业及空间更新研究［D］．武汉：华中科技大学，2017；（2）纪振宇．复兴汉正街［J］．中国服饰，2019（10）：60。

④ 王洁心，张毅．汉正街传统商贸区的转型发展策略分析［J］．住宅与房地产，2018（12）：12．

基础上，为了推动汉正街的转型升级，武汉市政府在规划中将其定位为“融合时尚创意、现代金融、文化旅游休闲为一体的世界级中央服务区”。通过融合写字楼、酒店式办公、SOHO创意办公等功能，打造涵盖研发、智造、生产、商贸、展示、办公全产业链的时尚产业生态平台，主要的做法包含以下三个方面。第一，在产业方面，聚商和促商并举。引入市场主体，引入资金、技术和先进的经营管理方式，提升经营效率，促进产业结构的转型和升级。第二，在城市空间与基础设施方面，改善交通，对道路进行改造升级，缓解人流与车流的冲突；在建筑外观更新方面，运用骑楼的方法扩大空间，对商铺的招牌进行统一规划，使街道更加干净整洁。并且，通过对城市软硬件功能的升级，丰富周边区域的城市功能，增加了休憩区、就餐区，向多功能的方向转变。第三，在可持续发展上，注重保护文化与生态。保留历史文化特色，优化生态环境，提升幸福感、归属感和舒适度。①

通过上面两个关于商业活动区域升级改造的案例，我们可以发现，随着时代的发展，交易方式改变、建筑老化、安全生产隐患严重化以及人们的消费观念变化都会使得曾经的商业设施满足不了人们对购物环境与购物体验的要求。

## 第二节 商业活动区域更新模式

本节将就商业活动区域需要进行城市更新的原因以及主要的模式进行分析。

---

① 王洁心，张毅. 汉正街传统商贸区的转型发展策略分析［J］. 住宅与房地产，2018（12）：12.

## 一、商业活动区域需要进行更新的原因

第一，传统经营模式导致商业中心不断衰败。在城市经济发展过程中，商品流通领域的发展一直受到各方面的制约，因此，很多城市出现了“小商品交易中心”“批发大市场”等商业形态。这种商业形态建立在较为落后的物流发展水平以及不透明的定价体系上。随着科学技术的进步，物流业取得了长足的发展，不仅使得很多商品可以通过物流直接到达消费者手中，而且使得市中心类似于“商品集散地”的商业形态风光不再，而城市郊区的大型物流基地则越来越重要。电子商务的发展也使得很多商品的价格变得更加透明。以上种种原因使得经营模式没有变革的商业活动区域不断衰败。

第二，交易方式落后影响商业中心发展。在商业活动区，消费者购买的都是最终消费品，因此，现金支付、砍价比价等行为都是传统商业区较为常见的现象。但是，随着信息技术的发展，新的交易方式逐渐受到人们的欢迎。比如，新型支付手段使得消费者不需要携带大额现金，消费者外出购物将会更加安全。再比如，随着商场全场联网的信息管理系统的普及，消费者可以轻松掌握整个商场的打折信息，甚至可以跨店铺参与打折活动。交易方式的变革大大提升了消费者的体验感，而那些没有跟上信息化步伐的商业区域将会逐渐无人问津。

第三，业态功能过于单一影响发展。在时代发展过程中，人们去商场进行消费时，已经不仅仅满足于“购物”，还希望能够有餐饮、影视或者综合娱乐等其他体验。不仅如此，随着城市面积越来越大，很多消费者从居住地到商业区域的通勤时间在不断变长，因此，越来越多的消费者希望在一次通勤中完成更多的消费。这就使得消费者逐渐远离了业

态过于单一的商业中心。

第四，基础设施落后的商业区域存在诸多隐患。随着时间的推移，很多老旧商业区域存在基础设施落后的情况，这给消费者与经营者带来了诸多安全隐患。例如，消防设施老化会增加火灾的风险；商铺违建加盖增加了建筑物倒塌的风险；电梯等设施得不到保养，增加了人身安全风险；等等。

第五，老旧商业区通达性欠缺影响其发展。家庭用车的普及虽然有助于城市空间规模的扩张，但是也给旧城区带来了停车位紧张的压力。很多老旧商业区规划建设时间较早，没有充分利用地下空间，导致停车位供给严重不足，影响了消费者的体验。虽然很多城市都在推进地铁建设，地铁路网的加强会在一定程度上减少城市拥堵，但是很多商业区域与地铁出口距离较远或者无法采用 TOD 模式进行改建。以上这些影响老旧商业区通达性的情况不断制约着商业区域的发展。

## 二、商业活动区域更新的模式选择

通过前文的分析，旧商业中心的更新改造是城市产业变迁与空间结构优化的客观要求。一方面，中心城区的传统商业市场由于其传统的经营模式、落后的交易方式、单一的业态功能，对客户的吸引力下降，进一步导致业绩下滑。传统商业市场获得的收益无法支持不断增长的租金成本，与城市中心区土地高收益的现实产生矛盾，因而亟待进行产业转型和升级。另一方面，中心城区的传统商业市场缺乏统一的规划，存在硬件老化、基础设施落后的现象，带来的交通、环保、消防等方面的问题，与城市空间结构优化和整体功能提升产生矛盾，成为城市治理的难题之一。

事实上，对旧商业中心进行改造升级可以分为两种模式：一种是就地改造，重点为提高产品的附加值以增加经济收益；另一种是旧产业搬迁，另起炉灶，原址重新规划。总体来说，对于地理位置较好、人流量较大且能够进行建筑物更新升级的商业活动区域，一般可以通过就地改造的方式进行更新；对于存在脏乱差现象或者建筑物过于老化的商业活动区域，一般可以通过另起炉灶的方式进行更新。在前文分析的基础上，下图对城市商业活动区域更新的原因与基本模式进行了刻画。

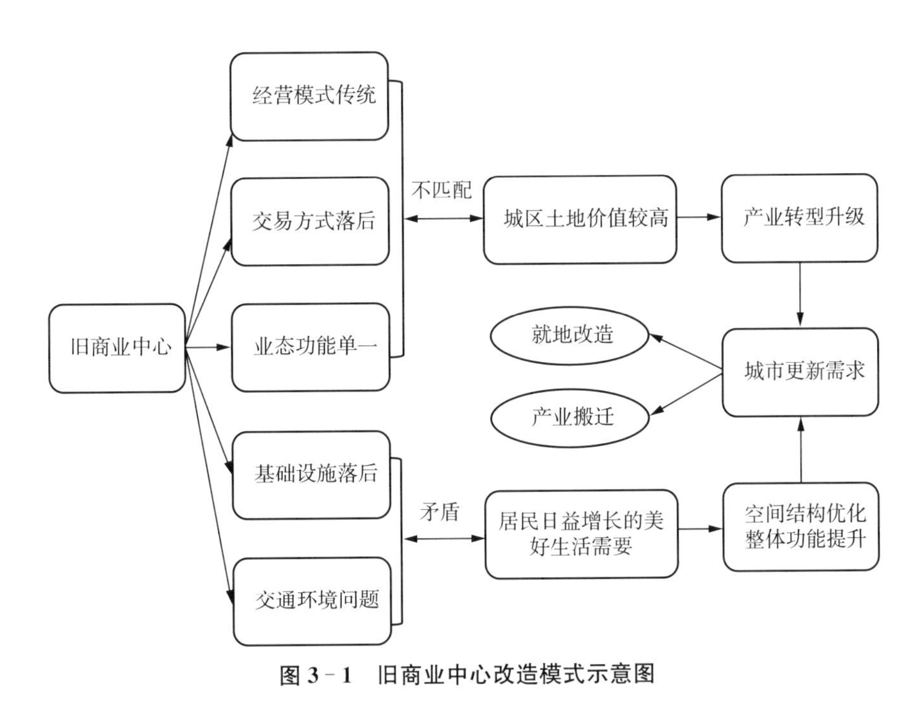


**图 3-1　旧商业中心改造模式示意图**

## 第三节　城市商业活动区域更新改造案例

本节选取南京玉桥商业广场、南京夫子庙花鸟市场、南京新街口百货商店以及南京老门东四个更新的改造案例，就城市商业区更新改造的微观问题进行具体剖析。

## 一、南京玉桥商业广场更新改造案例①

南京玉桥商业广场曾经是典型的“小商品集散地”，其中聚集了大量以批发为主兼顾零售的商家，在20世纪90年代深受消费者欢迎。但是，随着电子商务等新商业模式的发展，玉桥商业广场逐渐衰落。

### 1. 基本情况以及更新改造过程

玉桥商业广场由南京玉桥商业集团有限公司（简称“玉桥集团”）投资经营，玉桥集团隶属于南京市交通建设投资控股（集团）有限责任公司。南京玉桥商业广场地理位置极其优越，紧靠南京火车站以及南京中央门长途汽车站（现已搬迁），作为交通枢纽旁边的大型批发市场，一直以来人流量大、销售情况好。玉桥商场由玉桥集团出资进行更新，在2006年时发展成为大型综合商品交易市场，在2011年升级为以传统批发市场资源为基础，集零售、批发、展贸、休闲等多功能于一体的市场型城市综合体，并于2011年更名为玉桥商业广场。该商场建筑的所有权归属于南京玉桥商业集团有限公司，玉桥集团将商场内的区域租赁给商户，商户拥有使用权。

玉桥商业广场分为A、B、C三幢楼，在更新改造过程中，A楼市场空间无较大变化，仅简单改造商场的外立面，但经过改造后的外立面依然落后、破旧。B楼和C楼之前为仓储用地，后更新为商业用地。业主方在原有仓储用地上新建了商场，实现了土地利用性质向商业服务用地的完全转变，将仓储空间转变为商业空间，同时将仓储空间转移到靠

① 张大建. 浅谈南京玉桥市场的差异化战略［J］. 市场周刊（理论研究），2012（6）：33+42.

近郊区的区域。在内部更新改造过程中，业主方根据具体问题进行商场内空间的合理重构，进行以商业空间参与者为导向的精细化空间重构。B楼入驻商户负责各自店铺的装修，整体提高商场档次，但在商场内部公共区域，还随处可见老市场的痕迹，与周边较高端的店铺装修格格不入。

2. 当前的主要业态

玉桥商业广场经过此次更新，主要业态分区域可概括为：A区为批发零售商品区，B区为综合消费娱乐区，C区为娱乐机构区。商场目前兼具批发市场和综合商场的特征，定位为中低端商场，环境与基础设施均不尽如人意，商家分布较为随意。具体看来，A楼仍以日常用品的批发与零售为主，店铺小而多，密集分布在各个楼层，售卖模式为批发零售混合。A楼首层以服饰售卖为主，各店铺摆放杂乱，男装女装混杂；二层经营种类多样，有百货、美甲、饰品、文体用品、化妆品等，售卖模式仍为批发加零售，零售价格与市场价并无显著差异，没有竞争优势；三层以喜庆用品与床上用品销售为主，品牌较低端，同时设有餐饮区，味道大，导致楼层环境差；四层以服饰生活馆为主，档次相较于首层稍高，有单独分隔式门面。B楼以餐饮娱乐和培训机构为主，多为门面房。B楼餐饮由于在招商过程中缺乏统一规划，门店按照各个品牌的自我标准装修，整体视觉效果杂乱；三层以培训机构为主，且存在闲置店铺；四层店面以眼镜店为主；五、六层为游泳健身馆；七层为青年公寓东南青年汇与世纪缘宴会中心；全楼共有三层停车场，车位充足但空置多。C楼与官方宣传不符，目前为洗浴中心、KTV等会所，整体人气低迷。在商场管理方面，商场仍采用传统的批发市场管理办法，总体经营情况不理想。由于引进商铺没有鲜明特点、区块整体规划欠缺，整体业态呈现落后趋势，需要二次更新，盘活区域发展。

3. 更新改造过程中的难点

玉桥商业广场业态严重落后于居民需求，改造过程中既存在硬件更新的难点，又亟须整体业态的升级换代。

第一，失去原有优势后如何引流的问题。玉桥商业广场紧邻南京中央门长途汽车站以及南京火车站，不仅外地消费者前往玉桥商业广场方便，而且发达的市内交通也基本在玉桥商业广场附近汇聚。因此，玉桥商业广场在21世纪初十年曾为南京消费中心，本市居民以及外地游人均会选择来此消费。

中央门长途汽车站搬迁之后，外地购物人群不断减少。此外，在城市日渐拥堵的背景下，地铁交通提高了各沿线地区可达性，而玉桥商业广场由于远离地铁站点，交通方面存在显著劣势，吸引客流难度不断加大。随着居民收入增加以及网络购物兴起，广大居民已经不再满足于在批发市场购物淘货，加之综合型商场的一站式购物服务体验良好，逐渐分走玉桥商业广场的主要客群，该市场逐渐冷清。从目前运行情况看，该商场尚未能够找到吸引人流的有效办法。

第二，引进何种新业态成为更新改造之后的难题。现今的批发市场由于电商的普及已经基本分布在城郊地区，玉桥市场传统的线下批发模式已经逐渐衰落。同样地，随着零售业的线上化，新线下零售更注重消费者的消费体验，线下零售逐渐呈现越来越重视服务品质的特征。从以上两点来看，玉桥商业广场目前的业态难以满足消费群体的需求。接下来，玉桥商业广场可在综合分析区位优势的基础上引进新业态，或在现有赛道寻求差异化竞争。

第三，如何吸引优质物业。目前玉桥商业广场的物业无法满足其发展需要，招商部门关注个体、忽略整体，各个店铺由经营方维护经商环境，这些引发了公共区域脏乱差、各店自扫门前雪且风格杂乱不齐的问题。这种局面不但浪费了店铺协同发展的巨大潜力，更产生了消费者体验下降的负面效果。

4. 案例启示

对南京玉桥商业广场更新改造过程的剖析，给其他城市商业活动区域的改造带来了一些启示。

第一，商业活动区域更新要关注消费者的最新需求。玉桥商业广场更新的需求虽然与设施老化有关，但是根本上还是来自业态的落后。相应地，商业区域的更新本质上也是商业活动业态的更新，更新改造工作应立足于消费者需求，在更新过程中注重新商业形态的引入与培育。

第二，在改造过程中要关注商场内各个区域的协同发展，避免舍本逐末。商业区域常有单独门面招租的招商形式，这种形式如果没有进行仔细规划，就会导致商业区分类不明确、装修不统一、体验不够好等问题。商场往往是一个有机整体，合理的区域规划将大幅提升消费体验，带来一加一大于二的效果，同时也延长了商业区的经营寿命。

第三，商场更新改造需要规避盲目追求业态全而泛的问题，突出更新项目的独特性。自从综合商场以及一站式购物中心的商业模式推广以来，商业活动区体量逐渐变大，单个商业区内的经营品类不断增多。但是，综合商场已然出现同质化严重、连锁经营泛滥的现象，差异化的缺失导致各个商业区竞争激烈，盈利空间收缩。商业活动区域更新过程中需要注重新消费体验的植入，打造独创项目、王牌项目，既可以拓展盈利空间，又可以提高更新质量。

## 二、南京夫子庙花鸟市场更新改造案例

南京夫子庙花鸟市场位于南京市秦淮区，现已通过搬迁的方式实行更新改造，原址已经重新规划建设为南京中国科举博物馆。南京夫子庙花鸟市场优势明显，在南京及其周边名气较大。一是具有地理优势，交通便利。夫子庙花鸟市场位于南京市白鹭洲西门旁，属于秦淮风光带的核心区域，紧邻夫子庙古建筑群，紧依白鹭洲公园。二是具有文化优势，历史悠久。夫子庙花鸟市场始于明末清初时期售卖花鸟虫鱼的民间市场，它约有400年历史，在2008年1月8日被列入“第一批市级非物质文化遗产代表性项目名录民俗类项目”。

1. 改造原因

夫子庙花鸟市场虽然历史悠久，人流量较大，但是发展也存在着一些问题。

首先，原夫子庙花鸟市场的摊位占用了白鹭洲公园的公共用地，店主普遍占用公共道路摆摊经营。一方面，摊位的脏乱差对市容市貌产生了负面的影响，使得周边环境与整个景区的良好风貌不相匹配。另一方面，花鸟市场是花鸟虫鱼爱好者和老城南市民的聚集地，在节假日时人流量更大，花鸟市场的摊位和人员对道路的长期占用造成了交通拥挤问题，给市民出行带来了不便。其次，市场的噪声问题也持续影响着周边小区居民的生活质量，市场硬件和配套设施不完善使得花鸟市场无法规模化成长。

因此，南京市政府做出了搬迁夫子庙花鸟市场的决定，花鸟市场于2014年7月搬迁至位于七桥瓮湿地公园的新市场。原址拆除后新建南京中国科举博物馆，该博物馆已经成为南京市新的网红打卡地。

2. 改造方式

国有土地上的旧商业中心改造可以借鉴南京市夫子庙花鸟市场的经验，具体的改造方式为将原有的商业中心搬迁至更合适的发展环境中。夫子庙白鹭洲公园的公共用地落后的配套设施不利于花鸟市场的持续发展，也不利于老城区的管理。花鸟市场重新选址南京七桥瓮梅家廊地块，同时作为梅家廊综合服务区的一部分被纳入七桥瓮湿地公园的整体规划，商户迁移后也对自身铺面进行了升级，较好地完成了城市更新的任务。

3. 改造成果

夫子庙花鸟市场原本占有的是白鹭洲公园和公共街道等国有土地，而非居民住宅用地，因此土地征收过程中基本不涉及拆迁补偿问题，市场的强制关闭实施起来也相对容易。不足之处在于原来的消费人群需要去新的花鸟市场，增加了通勤时间。搬迁后的新市场取得了良好的发展，新建市场位于七桥瓮梅家廊地块，拥有200多家摊位，维持原有的产品种类，即以精品花卉为主、虫鱼水族为辅，打造成了业态丰富的精品花卉虫鱼市场，也成了游客拍照的小众文艺场所。为了鼓励商户搬迁，新市场给予老经营户一定的政策优惠，起到了不错的效果。

## 三、南京新街口百货商店更新改造案例[①]

南京新街口百货商店（新百）更新改造案例是综合性商场更新升级的典型案例。相较于南京玉桥商业广场，南京新街口百货商店具有以下三方面优势。第一，具有区位优势与交通优势。南京新百位于南京传统

① 该案例相关内容参考了赢商网的相关报道：http://news.winshang.com/html/070/1344.html。

商业中心新街口地区，地铁 1 号线与 2 号线在此交会。在新街口的众多商场中，新百处于 2 号线出口处，在新街口地区整体交通便捷度极高的情况下，其可达性更胜于其他商场，交通优势明显。第二，地处核心商圈，规模效应显著。南京新街口地区被誉为“中华第一商圈”，新街口商圈核心区面积不到 0.3 平方公里的范围内集中了百家世界五百强分支品牌进驻，大小商场星罗棋布，高中低档全面覆盖，为中国商贸密集度最高的地区。高度集聚的零售业规模效应明显，存在“产业集聚—吸引客流—经营优化—新业态集聚”的正向循环。第三，历史悠久，文化沉淀深厚。南京新百创建于 1952 年 8 月，作为中国十大百货商店之一和南京市第一家商业企业股票上市公司，南京新百在南京商场发展历史上扮演着重要角色。

1. 改造原因

南京新百历史悠久且人流量较大，但是由于零售产业不断迭代，其更新需求一直存在。自成立以来，南京新百已经经历多次更新，最近一次大规模更新是 2021 年 8 月。

首先，从行业整体趋势看，传统百货商场更新频率有加快趋势。由于信息技术在零售行业的应用越来越广，传统百货商场面临的挑战越来越多。例如，VR 技术的应用使得消费者网上购物体验感越来越强；电商平台通过快递员进行退换货免去了消费者奔波等。与之相对，传统百货商场空间有限导致货物种类受到限制，并且对商业信息的反应远远落后于电商，吸引力日渐消退，被动走到了变革的十字路口。

其次，从竞争对手角度出发，南京新百的业态弱于周边竞争对手。南京新街口商圈德基广场、金鹰百货等商场装修较新而且业态更高端，这使得南京新百客流量不及竞争对手。在客流受到线上信息高度影响的当下，南京新百的业态不能持续吸引客流。

最后，从消费者角度出发，南京新百对新兴消费主力的吸引有欠缺。新街口的便捷交通使得客群结构中“Z世代”（指新时代人群，通常是指1995—2009年出生的一代人）人群占比较大，而南京新百此前的业态结构对“Z世代”人群吸引力有限。“Z世代”人群平均消费力弱，但群体巨大，是新兴高附加值业态、“体验式消费”的主力军，南京新百如不能抓住此类客户群，将会在新街口商圈的竞争中处于劣势。

2. 改造方式与成果

2021年，南京新百中心店完成了自1997年以来工程量最大、最复杂的改造焕新工程，以消费者需求为导向，以业态升级为主旨，全面升级硬件与业态，覆盖中心店负二层到八层，共计2.8万平方米，从建筑结构、动线设计、品类布局、品牌升级四个方面做出全方位、多角度的彻底变革。在建筑物方面，对外立面进行了出新，对内部空间也进行了重新装修。在动线设计方面，南京新百通过将负一楼直通七楼的垂直动线进行调整，提升购物体验，增加客流量。在品类布局方面，将首饰区与女鞋区更换位置，同时，运动区大幅新增门店，实现277家品牌全面焕新，对现有业态进行一轮更新。在品牌升级方面，立足“Z世代”需求，引进新业态，促进全面转型，此次更新以品牌首店、网红店、独家店为突破口。经过不断调整，南京新百中心店负一楼竣工营业后不久，即实现客流量及租金收益大幅增长，饮食休闲类快消费为新百贡献大量收入。目前南京新百业态更新已经跟上整体节奏，线上流量吸引也明显优于更新前，正式步入数字时代背景下传统商场的循环更新进程。

## 四、旅游文化街区南京老门东片区更新改造案例①

2019 年 11 月 2 日至 3 日，习近平在上海考察时指出："文化是城市的灵魂。城市历史文化遗存是前人智慧的积淀，是城市内涵、品质、特色的重要标志。要妥善处理好保护和发展的关系，注重延续城市历史文脉，像对待'老人'一样尊重和善待城市中的老建筑，保留城市历史文化记忆，让人们记得住历史、记得住乡愁，坚定文化自信，增强家国情怀。"② 这段讲话为改造历史文化街区指明了方向。南京老门东片区位于南京市秦淮区中华门以东，故称"门东"，是南京夫子庙秦淮风光带的重要组成部分。

近年来，南京老门东地区通过更新改造，已经成为南京重要的旅游文化街区，也成了本地居民与外地游客消费的主要目的地。本小节将以南京老门东片区更新改造过程为例，剖析旅游文化街区的更新改造工作。

1. 改造原因

老门东地区的街巷建筑延承了明清时期的建筑风格和砖木结构，呈现出院落民居的形式，具有半墙半窗的特色，装饰工艺主要采用混合

---

① 本案例参考了以下研究：(1) 庞劲松，吴冬蕾. 南京老城南历史街区风貌的复兴与传承——以南京门东、门西为例 [J]. 美术教育研究，2019 (9)：105－107；(2) 王克稳. "房屋征收"与"房屋拆迁"的含义与关系辨析——写在《国有土地上房屋征收与补偿条例》发布实施之际 [J]. 苏州大学学报（哲学社会科学版），2011，32 (1)：14－17；(3) 吴晓庆，张京祥. 从新天地到老门东——城市更新中历史文化价值的异化与回归 [J]. 现代城市研究，2015 (3)：86－92；(4) 杨庆庆，金晓雯. 浅析城市更新中历史街区场所精神的构建——以南京老门东为例 [J]. 大众文艺，2019 (13)：92－93。

② 引自：https://www.jfdaily.com.cn/news/detail?id=497298。

雕、镂空雕、浮雕等，古迹主要有街头雕塑、“老门东”牌坊、梁光宅寺、蒋百万故居、沈万三故居、周处读书台等。老门东拥有梅花糕、锅贴等老南京传统美食店和南京泥人、麦芽糖制作技艺等非物质文化遗产展销店。但是，片区产权关系复杂，且人口密集度高，许多住户已经几代人居住在老房子里，部分地区人均居住面积不到十平方米，带来许多问题。保留下来的传统建筑布局紊乱、年久失修，私拉乱接管线、乱建乱改现象普遍。老门东片区基础设施更新不到位，存在多家庭共用厨房、如厕不便等现象，消防隐患非常严重。

2. 改造方式

南京老门东的城市更新采取政府主导的模式，但也不可避免地面临着政府、开发商和城市居民之间的博弈。政府面临着舆论的压力，肩负着老城南历史文化街区保护的使命，需要保障老城南居民的生活质量；开发企业在老城南地区建筑高度受限、容积率严格控制的情况下，难以获得较高的开发收益；居民希望延续文化命脉、弘扬传统文化，但面临着日益增长的生活需求和消费需求无法被满足的困境。因此，为了实现保持文化价值、改善居住功能的改造目标，老城南地区采取政府主导、开发商介入的模式是合理的。

在实施过程中，原住户全部迁出，由政府统一规划园区并招商进驻，该区域内已经没有民居。用作商铺的房屋在翻新外立面的基础上全面整修；未用作商铺的区域则保留原貌。主要做法有以下三个方面。

第一，保留城市肌理。老门东地区改造的重点在于延续历史文脉。具体表现为：在民居改造方面，新的建筑要素紧密结合了原有的建筑样式和风格；在街道改造方面，街巷尺度的调整坚持了审慎的原则，路面铺砖讲究天然材质，道路上的雕塑、座椅、灯具、门牌等强调市井气息。

第二，植入现代功能。老门东引入了博物馆、电影院、体验区、文创服务室等文化教育设施，满足了居民不断升级的消费需求和经济发展需求。历史文化价值不能带来直接的经济效益，现代功能的植入有利于将历史文化价值和商业价值相结合，焕发城区的活力，推动城市的可持续发展。

第三，结合产业更新。老门东依托文化资源，带动休闲旅游业和文创产业的发展，迎合了产业变迁的趋势，发展起独具特色的产业。

3. 改造成果

老门东在近十年间进行了三次规划，经历了从改造到复兴再到保护的过程。在业态引入方面，以文化和饮食为主。一方面，更新主题结合片区特点，选择具有保护非物质文化遗产特征的文化产业，如画坊、茶馆、民俗博物馆、手工艺工作室等；另一方面，引入现代新兴消费吸引客流，丰富体验，如酒吧、音乐餐厅、特色小吃等。然而，老门东在改造过程中也面临着商业化气息过重、市井文化衰弱、建筑格局遭到一定破坏等问题。因此，城市更新需要处理好保护历史文化和提升经济发展水平之间的关系。

## 第四节 商业活动区域更新改造小结

通过对城市中商业活动区域更新改造模式的分析，以及对南京四处商业活动区域更新改造案例的分析，要做好城市中商业活动区域的更新改造，需要注重以下四个方面的工作。

第一，城市商业活动区域的更新改造需要尊重商业活动的规律。商业活动不仅受商品价格的影响，也受到区位条件、综合体验、购物环境等因素的影响。近年来，新的交易手段、技术手段以及通勤方式都对城市中的商业活动产生了较大的影响。因此，在对商业活动区域实施更新前，应当有专业的商业运营团队在充分调研的基础上提出更新改造方案。

第二，新兴业态引入是商业活动区域更新改造成功的关键。通过上述案例分析可以发现，消费人群会随着时代变化呈现出新的特点，如何针对不同年龄段的消费人群更新商业业态是商业活动区域更新改造过程中的难点。当然这也是诸多商场更新频次越来越高的原因。

第三，通达性是商业繁荣的必要条件。城市中的交通基础设施决定了城市中商业区域的通达性，因此，在推动商业建筑更新的同时，需要不断更新城市中的基础设施。比如，加快城市中地铁修建速度、在商业集中区增加地铁出口、增加停车位供给等。

第四，对商业活动区域进行异地搬迁也是较好的选择。通过对南京夫子庙花鸟市场更新改造案例的分析可以发现，花鸟市场在现代城市中依然具有存在的必要性，养花赏鸟是居民休闲生活的重要组成部分。因此，对于花鸟市场可能导致的脏乱差现象，不应当“一关了之”，而应当在充分满足居民需求的基础上科学选址，促使其异地搬迁。

# 第四章　城中村的更新改造

城中村是我国城市化进程中较为特殊的现象，一方面我国城市化速度较快使得很多村庄还没来得及被纳入统一规划建设，就已经被城市建设用地包围；另一方面，我国的土地制度也导致了城中村与周边土地无法进行统一建设。但是，我国经济发展的经验表明，很多城市的城中村虽然影响了城市治理，但是在城市经济发展的过程中做出了不可磨灭的贡献。本章将就城中村的更新改造进行探讨。

## 第一节　城中村更新改造概述

城中村的产生有特定的历史背景。城中村除了土地性质与城市建设用地不同，在管理体系上也有别于城市中的其他区域。本节将探讨城中村的基本概念、产生原因、负面影响以及更新改造的意义。

### 一、城中村的基本概念与产生原因

城中村是随着城市发展和城市化进程加速而逐步形成的一类特殊的村落。城市的快速发展使得中心市区土地资源匮乏的问题日益凸显，继而城市的边界不断向外拓展延伸，市区周边的部分村落及其耕地便融入了城市规划发展的片区。由此，部分村落成了城市的一部分，也就是所谓的城中村。已有学者对城中村进行了研究，例如，成得礼将城中村界定为“位于城市边缘地带或城市建成区内，集体土地大部分被转化为国有土地，但仍持有部分非农建设用地；兼具城市的某些特征和功能，但仍然保持着农村社区的外观形态、人际网络、管理模式、历史文化及生活方式的特殊社区”。①

城中村产生的原因有以下三个方面。

第一，城市发展速度较快，很多集体土地尚未完成“招拍挂”程序而被城市建设用地包围。在我国改革开放初期，绝大部分城市的城区面积较小，基本被农田或者集体土地性质的村庄包围。一般情况下，应该通过对村庄进行拆迁安置之后再由土地部门进行土地收储，根据规划情况与用地情况进行“招拍挂”再进行建设。但是，有的城市空间扩张速度太快以至于村庄拆迁安置的速度赶不上城市发展的速度，就导致很多自然村被包含在城市的范围内。例如，城市在推进建设“开发区”或者“高新区”时，新城区与主城区之间的集体土地尚未被纳入规划，但是新城区发展太快，集体土地就被包围在国有建设用地之中。

第二，村集体组织或者村集体经济组织经济发展意识较强使得集体土地先于城市规划而投入生产。改革开放初期，我国东南沿海地区经济发展水平较高，大量来料加工企业在东南沿海地区落户。因此，有很多村集体自行组织建设厂房供加工企业使用，后来当城市建设开始按照规划推进时，这些村集体自行建设的厂房由于租赁合同等原因无法拆除，就成了城中村，留存至今。

第三，土地制度使得城中村问题越拖越久。由于城市建设用地是国有土地性质，不仅可以通过“招拍挂”方式进行建设，而且可以转让、

---

① 成得礼. 对中国城中村发展问题的再思考——基于失地农民可持续生计的角度 [J]. 城市发展研究，2008，84 (3)：68－79.

抵押或者入股。集体土地的性质使得其只能够通过租赁形式获得收益，很难进行流转。不仅如此，如果把集体土地变更为国有土地，意味着土地价值会出现较大幅度增值，增值部分如何分配也成了新的问题。久而久之，城中村更新改造的难度不断加大。

## 二、城中村对城市发展的负面影响

城中村尽管在地域上被纳入了城市范围，但依旧保留着传统农村的管理体系、生产分配方式、生活观念等。城中村对城市发展存在以下五个方面的负面影响。

第一，建筑质量与区域规划水平比较落后，影响城市形象。由于城中村特殊的土地性质，其无法纳入城市建设用地进行统一的规划管理，因此，不管是建筑物还是基础设施建设水平，都无法与城市中其他区域相比。城中村的存在总体上影响了城市的形象。

第二，在管理体系方面，村委会和村集体组织的管理较为松散，缺乏统一的管理规范，无法适应城市中人口高密度与建筑高密度对高效管理的要求。

第三，在生产分配方式方面，城中村的村民大多从事农业生产或在乡镇企业任职，劳动力技能水平较低，劳动报酬较少。村民难以适应城市对技术要求较高的高薪岗位，获得良好的就业机会较少。

第四，在生活观念方面，城中村村民习惯于慢节奏的生活方式，难以融入快节奏的城市生活。同时，部分村民的环保意识较为落后，对城市的市容卫生、社区环境造成一定的威胁。

第五，城中村存在较大安全隐患。城中村租金低廉，往往会吸引对房租比较敏感的人群，基础设施建设水平落后以及村集体管理水平较低使得村集体很难对出租屋进行规范管理，社会治理难度大。较为拥挤落后的街巷也不利于消防设施布局，使得城中村的安全隐患较大。

综上所述，乡村与城市的种种差异使得城中村游离于城市之外，带来了中国特有的城中村问题，影响了城市发展的质量。

## 三、城中村进行更新改造的意义

随着科技进步引致城市边界扩张，我国特有的城中村现象越来越普遍。由于珠三角地区、东部沿海省份经济活跃，土地供需矛盾尖锐，这些地区的城中村问题较为突出，并且城中村与城市片区的不协调性、不相容性日益凸显。虽然我国西部后发展城市的城中村问题相对较轻，但是在客观上也制约了城市的高质量发展。因此，对全国范围内的城中村，尤其是东部经济发达地区的城中村进行综合改造具有重大意义。

就不同主体而言，综合改造城中村具有以下几点意义。

第一，从城乡融合发展角度来看，城中村改造有利于解决“城乡二元体制”结构带来的弊端，加快城乡一体化进程，统筹城乡协调发展。

第二，从城市自身发展角度来看，城中村改造有利于优化城市整体面貌，促进城市科学发展，提高城市管理水平，提升城市整体功能。

第三，从城中村发展角度来看，城中村改造有利于城中村地区基础设施的配套建设，使其纳入城市社区建设和管理之中，促进原区域迅速发展。

第四，从居民角度来看，城中村改造有利于改善人居环境，通过提高村民的生活质量，城中村村民能够融入城市文明和城市主流文化，体现“以人为本”的宗旨，增强居民的获得感和幸福感。

第五，从土地角度来看，城中村改造有利于解决城中村用地管理混乱和土地浪费严重的问题，促进土地资源的优化整合和合理配置，提高土地利用率和产出率。

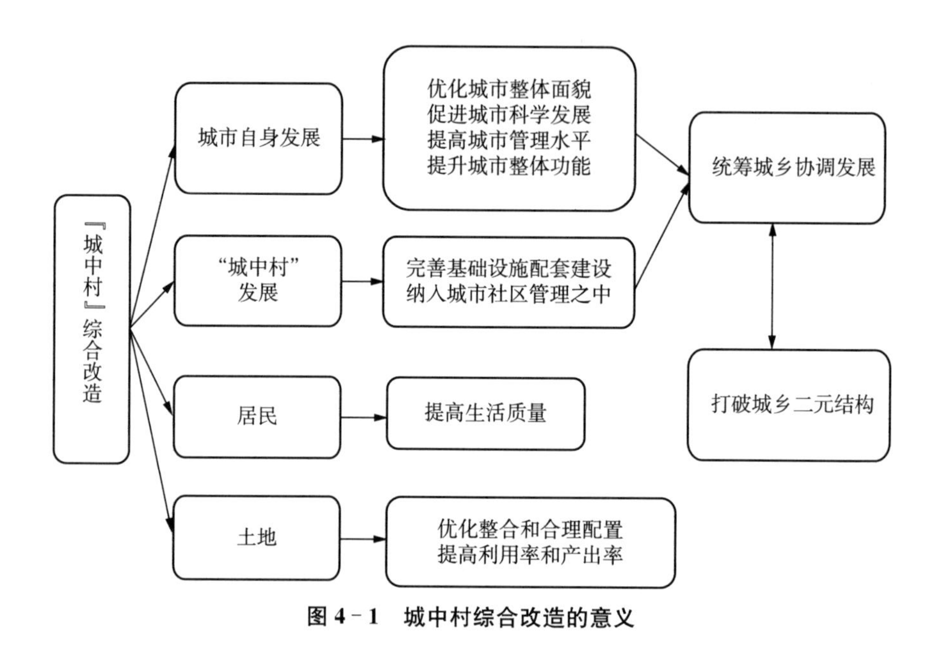


**图 4-1　城中村综合改造的意义**

## 第二节　集体土地与城中村更新改造

由于城中村土地性质与城市其他区域土地性质不同，就集体土地流转的相关法律法规对城中村更新改造的影响进行分析是必要的。在本书第二章已经就新《土地管理法》与城市更新之间的关系做了较为简单的分析，本节将就集体土地流转与城中村更新改造之间的关系进行较为详细的分析。

### 一、集体土地的特点与城中村更新

集体土地是指农民集体所有的土地。《土地管理法》第二条规定

“中华人民共和国实行土地的社会主义公有制，即全民所有制和劳动群众集体所有制”。[①]《中华人民共和国宪法》第十条规定“城市的土地属于国家所有。农村和城市郊区的土地，除由法律规定属于国家所有的以外，属于集体所有；宅基地和自留地、自留山，也属于集体所有”。[②]以上法规说明了城市中的集体土地区域与其他区域存在天然的“隔阂”，对城中村的更新改造要在法律框架下与集体土地所有者共同探讨最优的更新模式。

从所有权来看，集体土地的所有权人是农业集体经济组织成员，一般由集体组织代表其成员行使所有权。《土地管理法》第十一条规定“农民集体所有的土地依法属于村农民集体所有的，由村集体经济组织或者村民委员会经营、管理；已经分别属于村内两个以上农村集体经济组织的农民集体所有的，由村内各该农村集体经济组织或者村民小组经营、管理；已经属于乡（镇）农民集体所有的，由乡（镇）农村集体经济组织经营、管理”。很显然，虽然集体土地不能像国有土地那样进行大规模统一建设，但是集体经济组织的存在可以避免分散的决策给城中村升级改造带来负面影响。集体经济组织的工作人员往往与村组织工作人员高度重合，其与原住民基本沾亲带故，因此，集体经济组织的存在可以帮助城中村居民寻求利益的“最大公约数”。不仅如此，如果集体经济组织善于经营，还能够给原住民带来更多的收益。

从用途来看，集体土地可以分为农用地、农村集体建设用地和四荒地，其中农村集体建设用地又包括集体建设经营性用地、公益性公共设

---

① 引自：http://www.npc.gov.cn/npc/c2/c30834/201909/t20190905_300663.html，本章下文引用最新修订的《土地管理法》相关内容不再重复标注引用。

② 引自：http://www.gov.cn/guoqing/2018-03/22/content_5276318.htm。

施用地和宅基地。农用地采取农村集体经济组织内部的家庭承包方式承包，不宜采取家庭承包方式的四荒地，可以采取招标、拍卖、公开协商等方式承包，从事种植业、林业、畜牧业、渔业生产。集体建设经营性用地是指具有生产经营性质的农村建设用地，包括“农村集体经济组织使用乡（镇）土地利用总体规划确定的建设用地兴办企业或者与其他单位、个人以土地使用权入股、联营等形式共同举办企业的”① 农村集体建设用地。由此可见，在推进城中村更新改造过程中需要对其土地用途进行充分调研，在不违反法律的情况下，做好集体建设用地流转相关工作。

从收益来看，农用地既可以通过种植农作物获得收益，也可以通过农地经营权流转、抵押、入股获得收益。农村集体经营性建设用地既可以通过企业生产经营获得收益，也可以通过出让、租赁、入股等方式获得收益。上述规定为城中村更新改造提供了新的思路，村集体经济组织可以通过入股的方式将土地交予使用方进行重新建设，既避免了村集体经济组织改造资金不足的问题，又可以规避村集体经济组织经营能力不强的问题。

## 二、集体土地征收补偿规定与城中村更新②

《中华人民共和国宪法》③ 第十三条以及《中华人民共和国物权

---

① 引自《土地管理法》第六十条。

② 本段内容参考：江健勋，李华梅. 2019 土地管理法修订新旧条文对比[EB/OL].（2019-08-28）[2024-01-10]. https://mp.weixin.qq.com/s/jJlblzyjRYlwAKV6-VIsfQ,以及全国人民代表大会常务委员会的相关决定，https://www.gov.cn/xinwen/2019-08/26/content_5424727.htm。

③ 参见：https://www.gov.cn/guoqing/2018-03/22/content_5276318.htm。

法》[①] 第四十二条、第四十四条、第一百二十一条等相关条款均从法律上明确规定，在追求公共利益的情形下，国家可以依照法律规定征收农民集体所享有的土地并给予补偿，征收单位、个人的房屋及其他不动产，应当依法给予拆迁补偿，征收个人住宅的还应当保障被征收人的居住条件。2010 年 6 月 26 日，《国土资源部关于进一步做好征地管理工作的通知》发布[②]，要求“拆迁补偿既要考虑被拆迁的房屋，还要考虑被征收的宅基地”。新《土地管理法》第四十八条明确规定：“征收土地应当给予公平、合理的补偿，保障被征地农民原有生活水平不降低、长远生计有保障。”因此，有必要就集体土地补偿相关规定对城中村更新改造工作的影响进行剖析。

1. 新补偿标准对城中村更新改造的影响

新《土地管理法》第四十七条、第四十八条涉及征收集体土地的补偿费用和标准，本书结合旧法进行对照分析，总结出新旧法的不同点，如下。

第一，征收建设用地补偿上限有所调整。在征收建设用地补偿方面，新法规定“征收土地应当给予公平、合理的补偿，保障被征地农民原有生活水平不降低、长远生计有保障”，并且取消了旧法关于“土地补偿费和安置补助费的总和不得超过土地被征收前三年平均年产值的三十倍”的补偿上限。补偿费用上限的取消体现了给予土地被征收者充足补偿的理念，补偿标准的这一调整有利于切实保障被征地农民的合法权益。

第二，关于农用地的征收补偿标准有所调整。具体而言，旧法中的

---

① 参见：http://www.gov.cn/flfg/2007-03/19/content _ 554452.htm。

② 该通知原文参见：http://f.mnr.gov.cn/201702/t20170206 _ 1435721.html，于2020年3月24日废止。

土地补偿费和安置补助费按照实际的土地产值、农业人口数、耕地数量进行倍数计算，“年产值倍数法”存在方法单一、计算繁琐、数据统计困难、标准不统一等问题；新法则采用了“区片综合地价”来确定征收农用地的土地补偿费和安置补助费标准，并且在土地原用途、土地产值、人口等原有因素的基础上，将土地资源条件、土地区位、土地供求关系以及经济社会发展水平等新因素纳入考虑，增加了补偿标准的科学性和合理性。此外，新法强调补偿费标准至少每三年调整或者重新公布一次，更加注重标准制定的时效性和动态性。

第三，农村村民住宅的征收补偿标准有所调整。涉及农村村民住宅的征收补偿为《土地管理法》（2019 年修订）的新增内容。具体规定为：对其中的农村村民住宅，应当按照先补偿后搬迁、居住条件有改善的原则，尊重农村村民意愿，采取重新安排宅基地建房、提供安置房或者货币补偿等方式给予公平、合理的补偿，并对因征收造成的搬迁、临时安置等费用予以补偿，保障农村村民居住的权利和合法的住房财产权益。

第四，更加注重原住民的社会保障。新法在土地补偿费、安置补助费以及农村村民住宅、其他地上附着物和青苗等的补偿费用的基础上，特别规定了应“安排被征地农民的社会保障费用”，即“县级以上地方人民政府应当将被征地农民纳入相应的养老等社会保障体系。被征地农民的社会保障费用主要用于符合条件的被征地农民的养老保险等社会保险缴费补贴。被征地农民社会保障费用的筹集、管理和使用办法，由省、自治区、直辖市制定”。这一规定构建起完善的保障体系，体现了兼顾民生的理念。

总的来说，新《土地管理法》关于集体土地征收的补偿方案对在城中村更新改造过程中采取征收再“招拍挂”的更新方式产生了一定的影响。一方面，征收补偿方案补偿的标准有所上调，相比较以前的补偿方案更加合理，更加重视原住民的各种收益与权利，提高了城中村居民搬迁的积极性；另一方面，新的征收补偿方案也增加了城中村土地征收的成本。

2. 新听证公告流程对城中村更新改造的影响

在补偿方案的听证公告方面，旧法的表述相对比较简单，新法的规定较为详细。旧法仅仅规定“征地补偿安置方案确定后，有关地方人民政府应当公告，并听取被征地的农村集体经济组织和农民的意见”，并未涉及具体的细节。

然而，新法规定县级以上地方人民政府在申请征收土地之前“应当开展拟征收土地现状调查和社会稳定风险评估”，并且明确公告的内容、范围和时间。公告的具体内容为征收范围、土地现状、征收目的、补偿标准、安置方式和社会保障等；公告范围为“拟征收土地所在的乡（镇）和村、村民小组”；公告时间为至少三十日。新法在听取意见的基础上，明确了召开听证会的必要性。听证会的召开和参照实际情况修正方案赋予了被征地农民更多权利，有利于保障征地补偿的公平性与合理性。现状调查与风险评估、社会公告、听证会从三个方面着手，形成了“调查—公告—听证”的补偿三位一体格局，共同推动了补偿协议的意见统一。

新《土地管理法》在补偿方案听证公告方面进行了较大的调整与完善，总体上更利于保护集体土地原住民的相关利益。虽然该方案增加了更新改造方案的时间成本，但是也有利于保护集体土地原住民的利益，减少征地过程中的纠纷，有利于原住民积极主动搬迁。

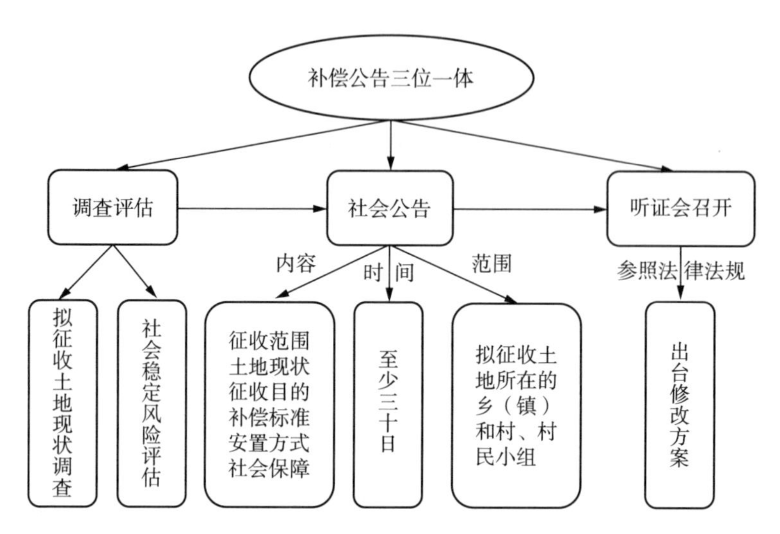


**图 4-2 基于“调查—公告—听证”的补偿三位一体格局**

资料来源：根据新《土地管理法》第四十七条绘制。

## 第三节 城中村更新改造案例分析

### 一、完全改造模式——武汉城中村更新改造案例

武汉市对城中村实行的更新改造是非常典型的案例，其采取的是完全改造模式，原有城中村的土地性质、居民户籍以及集体经济组织都与更新改造后完全不同。

1. 武汉城中村更新改造基本情况

2005 年，武汉市自然资源和城乡建设局发布了《中共武汉市委 武汉市人民政府关于积极推进“城中村”综合改造工作的意见》[①]《市

① 该意见全文参见：http://zrzyhgh.wuhan.gov.cn/zwgk_18/zcfgyjd/gtzyl/202001/t20200107_590182.shtml。

人民政府办公厅转发市体改办等部门关于落实市委市人民政府积极推进“城中村”综合改造工作意见的通知》[①] 等文件。上述文件对城中村更新改造过程中的土地征收、户籍变更、社会医疗保障以及集体经济组织转制等制定了非常详细的规定。后来，武汉市又出台了大量涉及城中村改造各方面问题的政策文件，例如《市人民政府办公厅关于进一步加快城中村改造建设工作的意见》[②]《市人民政府关于进一步加快城中村和旧城改造等工作的通知》[③]《市人民政府关于进一步加强城中村综合改造项目管理的意见》[④]《市人民政府办公厅关于进一步推进城镇老旧小区改造工作的通知》[⑤] 等。本节对武汉市城中村改造案例的分析依据上述文件的内容展开。

武汉市政府的城中村改造旨在达成以下目标：首先是要转变城中村集体经济的管理模式，改革户籍管理制度，将城中村村民农业户口改登为城市居民户口，同时逐步将城中村中改登为城市居民户口的人员纳入城市社会保障体系；其次要依法将城中村的集体土地转变为国有土地；最后还要按照城市规划和建设的标准及要求，改善城中村的公共设施，建设文明社区，以及提升城市的整体功能。

武汉市城中村改造采取“先挂牌、后征地”的方式进行。报地阶段

---

① 该通知全文参见：http://zrzyhgh.wuhan.gov.cn/zwgk_18/zcfgyjd/gtzyl/202001/t20200107_590181.shtml。

② 该意见全文参见：http://www.wuhan.gov.cn/zwgk/xxgk/zfwj/bgtwj/202003/t20200316_973104.shtml。

③ 该通知全文参见：http://www.wuhan.gov.cn/zwgk/xxgk/zfwj/szfwj/202003/t20200316_973617.shtml。

④ 该意见全文参见：http://www.wuhan.gov.cn/zwgk/xxgk/zfwj/gfxwj/202003/t20200316_973178.shtml。

⑤ 该通知全文参见：http://www.wuhan.gov.cn/zwgk/xxgk/zfwj/bgtwj/202107/t20210708_1734687.shtml。

用地申报主体为武汉市人民政府，实施主体为武汉市土地整理储备中心。用地项目完善批准手续后的征地主体分为以下几种：开发用地——摘牌的开发公司；还建用地——城中村改造改制后的农村集体经济组织；产业用地——城中村改造改制后的农村集体经济组织；规划控制用地及储备用地——土地储备机构。武汉市城中村改造过程中，政府土地为零收益，还建房的拆迁、改造成本相当于摘牌企业的开发用地成本。

2. 武汉城中村更新改造过程中的土地管理情况

1998年公布的《中华人民共和国土地管理法实施条例》第二章第二条规定“下列土地属于全民所有即国家所有：（一）城市市区的土地；（二）农村和城市郊区中已经依法没收、征收、征购为国有的土地；（三）国家依法征用的土地；（四）依法不属于集体所有的林地、草地、荒地、滩涂及其他土地；（五）农村集体经济组织全部成员转为城镇居民的，原属于其成员集体所有的土地；（六）因国家组织移民、自然灾害等原因，农民成建制地集体迁移后不再使用的原属于迁移农民集体所有的土地”。① 因此，城中村综合改造方案经市政府批准且村改居工作完成，村民农业户口成建制转为城市居民户口后，原村集体所有土地可以依据以上规定的第五项转为国有土地。武汉市的城中村改造政策与上述规定的第五项的情况相符合，因此将城中村的集体土地转变为国有土地的做法是有法可依、合乎规范的。

根据武汉市自然资源和城乡建设局发布的《中共武汉市委　武汉市人民政府关于积极推进“城中村”综合改造工作的意见》，在土地使用方面，武汉市城中村更新改造工作以武汉市城市总体规划和土地利用总

① 该条例全文参见：http://f.mnr.gov.cn/201702/t20170206_1437156.html，新的《中华人民共和国土地管理法实施条例》已经删除该规定。

体规划为指导，为了分步推进和分类指导"城中村"综合改造，根据实际拥有耕地现状，武汉市将"城中村"分为A、B、C三类①。计划先期在主城区规划二环线以内52个村中选择若干村进行试点，并以此为基础推进A、B类村的综合改造工作。C类村可先推进集体经济组织改制工作，在土地被逐步征用后，剩余农用地人均占有面积达到A、B类村标准的，方可执行"城中村"综合改造的相关政策。同时，还可以根据各村用地实际情况，适当提高还建用地容积率。还建用地面积以村为单位，根据能够享受还建安置房政策的户数，按户均建筑面积300平方米、容积率1.6～1.8的标准测算；产业用地则按每村人均80 $m^2$ 配备，其建筑容积率核定为2.0。

此外，对原村民的居住区改造采取分类处置的方式，以新建、改建、扩建三种方式进行。对于规模适中、与周边城市景观协调、建设情况良好并符合城市规划的现有村民居住区，采取改建或扩建的方式实施改造建设；对于规模小、建筑质量差、不符合城市规划及因城市建设需要搬迁的村民居住区，则采取拆除旧居住区、建筑以多层公寓为主的新居住区的方式实施改造建设。

3. 武汉城中村更新改造过程中集体经济组织变更情况

随着社区居委会取代原行政村，原村委会直接管理或直接经营集体资产的形式不再适应经济发展的需要，因此必须进行调整和改变。武汉市政府逐步对原村集体经济组织进行改制，把村集体经济组织变为股份有限公司、有限责任公司、公司制企业集团等，建立起产权明晰、权责

---

① A类村为人均农用地小于或等于0.1亩的村，B类村为人均农用地大于0.1亩、小于或等于0.5亩的村，C类村为人均农用地大于0.5亩的村。参见：http://zrzyhgh.wuhan.gov.cn/zwgk_18/zcfgyjd/gtzyl/202001/t20200107_590182.shtml。

明确、政企分开的适应社会主义市场经济的管理体制、经营机制和分配方式，有利于保护村民的切身利益，有利于集体经济健康发展和社会稳定。

为支持城中村集体经济组织改制工作顺利进行、降低改制成本，改制企业可享受相关优惠政策，主要如下。(1) 企业在改制过程中涉及的有关房屋土地税费问题，可参照《市人民政府办公厅关于进一步加快国有企业改革与发展政策的意见》(武政办〔2003〕66号)① 有关规定执行。(2) 企业改制办理工商、税务等注册或变更登记，一律只收取工本费。企业改制前依法办理相关房产、土地登记手续，改制后不改变土地用途的，可直接办理相关房产、土地登记手续，改制后改变土地用途的，可直接办理变更登记手续，房产土地部门只收取过户换证工本费。(3) 改制后企业的税收政策具体分为四种情况。第一类是针对原村没有经济实体的，改制后组建的新企业享受新办企业的相关政策，即对新办的独立核算的从事咨询业（包括科技、法律、会计、审计、税务等）、信息业、技术服务业的企业或经营单位，自开业之日起，第一年至第二年免征所得税；对新办的独立核算的从事交通运输业、邮电通信业的企业或经营单位，自开业之日起，第一年免征所得税，第二年减半征收所得税；对新办的独立核算的从事公用事业、商业、物资业、贸易业、旅游业、仓储业、居民服务业、饮食业、教育文化事业、卫生事业的企业或经营单位，自开业之日起，报经主管税务机关批准，可减征或免征所得税一年。第二类是针对原村已有经济实体的企业，改制后原则上维持原纳税方式不变，以促进企业较快发展。第三类是针对将原村委会所持

① 该文件已经废止，当年作为参照标准。

有的股权量化给股民的特殊的股权变动形式，不将其视为产权交易，免收有关费用。第四，开发项目免缴市政基础设施配套费，应缴的其他规费，有幅度的按下限收取，无幅度的减半征收；还建房免缴部分规费，涉及的有关税费按农民个人建房的收费政策执行。

**表 4-1　改制企业可享受的相关优惠政策**

| 序号 | 执收单位 | 收费项目 | 收费标准（总建筑面积） | 还建 | 开发 |
| --- | --- | --- | --- | --- | --- |
| 1 | 市墙改办 | 墙体材料专项用费（该项费用工程竣工后，可办理退费手续） | 10 元/$m^2$ | 减半 | 还需咨询 |
| 2 | 市房产局 | 白蚁防治费及室内装饰费 | 白蚁防治 2 元/$m^2$；室内装饰装修 4 元/$m^2$ | 全免 | 经协调可减半 |
| 3 | 市园林局 | 绿化补偿费 | 按绿地标准差额 700 元/$m^2$ | 无优惠 | |
| 4 | 市市场站 | 代收印花税 | 0.3‰ | 无优惠 | |
| 5 | 城建档案馆 | 档案服务费（本项目为预收，实际费用竣工后核算） | 1 万平方米以下每单位工程 0.5 万元；<br>1 万～10 万平方米每单位工程 1 万元；<br>10 万平方米以上每单位工程 1.5 万元 | 无优惠 | |
| 6 | 市人防办 | 人防易地建设费 | 按应配建面 1500 元/$m^2$ | 全免 | 减半 |
| 7 | 市城管局 | 生活垃圾处理费 | 18/$m^2$（处理 12 元/$m^2$，清运费 6 元/$m^2$） | 全免 | 处理费全免，清运费减半 |

资料来源：由作者根据武政办〔2003〕66 号文件等政策整理。

4. 武汉城中村更新改造过程中原住民权益保障情况

为了鼓励城中村改造并且尽可能保障原住民得到妥善安置，依据武政办〔2009〕36 号与武政〔2009〕37 号等文件，对于还建（调剂）土地进行奖励。具体内容为：在本通知印发之后获得城中村改造规划批复的，从城中村改造规划批复之日起，半年内完成整村拆迁的，按还建规模的20％奖励还建面积；1年以内完成整村拆迁的，按还建规模的10％奖励还建面积；各村安置后剩余的还建房，由区人民政府统一掌握，调剂给用地不足的村用于还建安置，或纳入住房保障体系，作为经适房或廉租房使用；城中村改造还建项目中公共服务设施的建设，以村为单位按还建房总量5％的规模配建（除作为配套设施、物业用房外，其他面积为商铺）。武汉市还规定，城中村区域的开发用地、储备用地的土地出让金与增值收益的60％划转给城中村所在区财政专户储存，用于城中村综合改造中的基础设施配套建设；40％由市人民政府统筹用于城中村综合改造的市政基础设施配套建设等。

有关社保、医保和就业的相关政策能够充当“减震器”和“安全网”，有利于保障城中村原住民的基本生活不受影响，维护社会的稳定和公平，促进经济持续良好发展。村改居劳动力经村民会议同意，可以参加城镇职工社会保险，参保时由村集体经济组织提交区综合改造领导小组确认改制工作完成的批复和改制后新成立的经济实体的工商营业执照副本、税务登记证以及经村民会议通过的村改居劳动力名单等资料，经劳动保障部门审核同意后，村集体经济组织按城中村综合改造社会保障有关政策规定，向社保经办机构缴纳养老保险、医疗保险等社会保险费用，并按规定逐月续缴社会保险费。按照土地（资产）换保障原则，村改居人员参加社会保障，其经费主要可通过以下方式筹集：（1）村集体经济组织和村改居人员的土地补偿费和安置补助费；（2）村集体经济组织历年的积累和收入；（3）村集体经济组织自有资产抵押贷款或变现等；（4）村集体经济组织通过开发、经营等所获利润；（5）其他渠道。

5. 武汉城中村更新改造成效

武汉市很早就意识到其面临的城中村更新改造任务较重，早在2004年左右就开始全面推动城中村更新改造工作。经过多年的努力，武汉城中村更新工作取得不错的成绩。截至2011年年底，武汉市152个城中村的12.8万户、近41万村民完成了户口改登；103个村完成了撤销村委会任务，并组建了77个新社区居委会；31.4万村民参加了城镇居民社会养老保险。[①] 比如，武汉沙湖村更新改造后，拥有3套及以上住房的家庭在城中村拆迁安置中比较普遍，改造不仅解决了村民的安居问题，而且使居民成为有房出租的房东，房租成为他们的一项稳定的收入来源，另一项稳定的收入是从集体经济中的分红，每年为10多万。[②]

## 二、原地改造模式——深圳城中村更新改造案例

武汉对城中村采取完全改造的方式进行城市更新，在现实中，还有很多城市采取原地修补式更新。深圳市制造业较为发达，较早地采用来料加工等形式发展工业经济，城中村问题也较多。但是，深圳市基本采用原地改造模式对城中村进行更新。

深圳市纳入城市更新范围的城中村是指，城市化过程中依照有关规定由原农村集体经济组织的村民及继受单位保留使用的非农建设用地指标范围内的建成区域。为了城市更新工作的推进，深圳市出台了一系列

---

① 引自中国新闻网：https://www.chinanews.com/house/2012/07-04/4006745.shtml。

② 引自武汉民建官网：https://www.whmj.org.cn/guide-political/3112.html。

政策文件。其中，涉及城中村改造的文件包括《深圳市城中村（旧村）改造暂行规定》①《深圳市人民政府关于深圳市城中村（旧村）改造暂行规定的实施意见》②《深圳市人民政府办公厅关于开展城中村（旧村）改造工作有关事项的通知》③《广东省人民政府关于推进“三旧”改造促进节约集约用地的若干意见》④《深圳市城市更新办法》⑤《深圳市人民政府关于深入推进城市更新工作的意见》⑥《深圳市城市更新项目保障性住房配建比例暂行规定》⑦《深圳市城市更新办法实施细则》⑧《关于加强和改进城市更新实施工作的暂行措施》⑨ 等。

通过对上述文件的梳理，深圳市对城中村的更新有以下三个途径：途径一是综合整治，即不改变建筑主体结构和使用功能，在此基础上改善消防设施、基础设施和公共服务设施等，改善沿街立面，进行环境整治，实现既有建筑的节能改造；途径二是功能改变，即不改变土地使用

---

① 该规定全文参见：http://www.sz.gov.cn/zfgb/2004/gb410/content/post_4949531.html。

② 该意见全文参见：http://www.sz.gov.cn/zfgb/2005/gb434/content/post_4994592.html。

③ 该通知原文参见：https://www.sz.gov.cn/zfgb/2007/gb567/content/post_4950511.html。

④ 该意见全文参见：http://www.qb.gd.gov.cn/zcfg/content/post_46753.html。

⑤ 该办法全文参见：http://www.sz.gov.cn/zfgb/2009/gb675/content/post_4945734.html。

⑥ 该意见全文参见：https://www.sz.gov.cn/zfgb/2011/gb725/content/post_5001095.html。

⑦ 该规定全文参见：http://www.sz.gov.cn/zfgb/2011/gb725/content/post_5001034.html。

⑧ 该细则全文参见：http://www.sz.gov.cn/zfgb/2012_1/gb774/content/post_5001606.html。

⑨ 该措施全文参见：http://www.sz.gov.cn/zfgb/2012_1/gb806/content/post_4951477.html。

权的权利主体和使用期限，保留建筑物的原主体结构，改变部分或者全部建筑物使用功能，以适应现代的生活需求；途径三是拆除重建，即可能改变土地使用权的权利主体，以及变更部分土地性质，需要严格按照城市更新单元规划、城市更新年度计划的规定实施。

在土地政策方面，深圳市城市更新强调拆除重建涉及的土地交易遵循平等自愿的市场原则。一类方式以市场为主体，签订土地使用权出让合同补充协议，或补签土地使用权出让合同；另一类方式以政府为主导，通过公开“招拍挂”出让土地使用权。同时，部分特定项目可以较大幅度提高容积率，相关文件规定特区内城中村改造项目建筑容积率在2.5及以下部分，免收地价；建筑容积率在2.5至4.5之间的部分，按照现行地价标准的20％收取地价；建筑容积率超过4.5的部分，按照现行地价标准收取地价。

在实施主体方面，深圳市鼓励国内外有实力的机构通过竞标开发或者参与开发城中村改造项目；城中村内股份合作企业可以与国内外有实力的机构合作建设所在地城中村改造项目，也可以独立建设所在地城中村改造项目。在补偿标准方面，深圳城中村的拆迁补偿标准具有很强的灵活性和自主性，城中村改造项目建设单位负责项目用地范围内的拆迁工作，并承担有关拆迁补偿安置费用。

深圳的城市更新政策流程清晰，开发商利润空间相对较大，有利于项目的快速推进。通过多年的努力，深圳城中村面貌焕然一新。根据新华社2022年2月17日的报道，深圳的城中村从“三来一补”的“千村一面”到产业形态更迭的“各显神通”，依然具有包容、奋斗的精神和充满无限可能的梦想。例如，位于深圳市光明区公明街道下村社区的西柚小镇，56栋普通农民房被重新定位后，摇身一变成为年产值超5亿元的产业空间；宝安区松岗街道南岸村，一条以琥珀为主题的步行街，四条以蜜蜡、血珀、金珀、蓝珀为设计元素的巷道，让这个昔日布满管线“蜘蛛网”的城中村有了独特的韵味，成为宝安区的又一个网红打卡地；龙岗区南湾街道南岭村，当地正探索“创投＋孵化器”模式，成立深圳首个社区股份公司创投基金，投资生物科技、人工智能等10多家初创企业。①

## 三、混合式改造模式——广州城中村更新改造案例

广州对城中村的更新有别于武汉完全改造式与深圳原地改造式模式，其采取的是混合式改造模式。广州在2009年出台的文件将城中村更新改造分为全面改造模式与综合整治模式。对位于城市重点功能区、对完善城市功能和提升产业结构有较大影响的52个城中村，按照城乡规划的要求，以整体拆除重建为主实施全面改造。对位于城市重点功能区外，环境较差、公共服务配套设施不完善的城中村，以改善居住环境为目的，打通交通道路和消防通道，实现“三线”下地、雨污分流，加强环境整治和立面整饰，使环境、卫生、消防、房屋安全、市政设施等方面基本达到要求。

广州市城中村改造的文件包括《关于加快推进“三旧”改造工作的意见》②《关于加强旧村全面改造项目复建安置资金监管的意见》③《关

① 引自：http://k.sina.com.cn/article_1882481753_7034645902000weeq.html。

② 该意见全文参见：https://www.gz.gov.cn/gfxwj/szfgfxwj/gzsrmzf/content/post_5444639.html。

③ 该意见全文参见：https://www.gz.gov.cn/gfxwj/sbmgfxwj/gzszfhcxjsj/content/post_5486070.html。

于加快推进三旧改造工作的补充意见》[1]《广州市"城中村"改造成本核算指引》[2]《广州市城市更新办法》[3]《关于进一步规范旧村合作改造类项目选择合作企业有关事项的意见》[4] 等。

在土地利用方面，广州市针对全面改造的城中村，明确其土地性质可以改为国有土地。全面改造项目通过土地公开出让融资的，土地公开出让收入中的改造成本部分，在土地公开出让后先行拨付给村集体经济组织。全面改造项目未实行土地公开出让并由村集体经济组织采取其他方式融资改造的，需缴交的土地出让金可以适当延期。综合整治项目通过旧厂房、旧商铺等低效空闲存量土地升级改造的，也适用集体建设用地使用权流转政策，可以由村集体经济组织自主进行综合整治招商融资。

在补偿政策方面，城中村整治改造范围内的原有合法产权的房屋，被拆迁人可以选择复建补偿、货币补偿，或者二者相结合的补偿安置方式。在城中村全面改造过程中，改造主体应当优先建设复建补偿安置房，确保被拆迁人及早入住。旧村未拆除、安置房未建成的，除公建配套和消防工程外的其他建设项目不得开工建设，要求在安置房建成后，融资地块才能开工建设，导致开发周期非常长。为了进一步保障被拆迁对象的权利，广州市规定非本村村民建造或购买的房屋，已领取房地产权证的，可以参照城中村整治改造的拆迁补偿办法，原则上按产权面积

---

① 该意见全文参见：https://gz.gov.cn/zfjgzy/gzscsgxj/xxgk/zcjd/content/post_2962978.html。

② 该通知全文参见：https://www.gz.gov.cn/gfxwj/sbmgfxwj/gzszfhcxjsj/content/post_5485746.html。

③ 该办法全文参见：https://gz.gov.cn/zwgk/fggw/zfgz/content/post_4756895.html。

④ 该通知全文参见：https://gz.gov.cn/gfxwj/sbmgfxwj/gzszfhcxjsj/content/post_5677068.html。

予以货币补偿。同时，为鼓励在城中村整治改造中配建旧城更新改造安置房，广州市规定配建旧城更新改造安置房的，可全额免收市级权限的行政事业性收费，税收市级留成部分予以全额返还。

广州的政策对城中村更新改造的管制较多，各文件在容积率审批、拆迁标准、回迁建设等方面均有较为详细的规定，而且事先全部计算好了才会开始拆迁。这样直接导致政府已计算得出开发商的利润空间，而政府又未根据实际情况考虑其他隐性成本或超出标准之外的拆迁成本，因此项目推进起来难度较大，一级土地开发商难以套现离场。政策的优越性在于拆迁时已有标准，能够保护原住民的利益，并且对于少数难以拆迁的被拆迁户可以采取行政诉讼，避免了“钉子户”现象的出现。

通过多年的努力，广州市诸多城中村的更新改造已经取得了较好的成绩。以广州市猎德村为例，2010 年，猎德村完成 68.6 万平方米的改造，村集体年收入从改造前 1 亿元，提高到 5 亿元，村民全年收入从改造前的人均每年 25000 元，提高到 90000 元，而且这座有着近千年历史的岭南古村中的 5 座村祠堂、猎德地理文化步径、重新修缮的龙母庙，以及沿猎德涌而建的几十栋传统建筑得以保留。①

## 四、完全保留型改造模式——常州城中村更新改造案例②

城中村能够提供相对低廉的现代都市邻里空间，“廉租房”能够为

① 引自广州日报的报道，参见：https://www.chinanews.com/house/2013/12-04/5580646.shtml。

② 关于常州城中村更新改造情况，由作者参考部分研究成果整理得出。参考资料：(1) 顾春平，陆一中，严玲，等. 常州市城中村改造的探索 [J]. 江苏城市规划，2006 (8)：33 - 36；(2) 夏正伟，宋玉姗. 日常生活视角下的保留型城中村空间环境研究——基于常州市三个保留型城中村的实证分析 [J]. 现代城市研究，2015 (10)：117 - 124。

低收入群体提供生活栖息地。和城市郊区相比，城中村距离城市中心更近，并且凭借电动车或公交车等交通工具可以快速到达工作地点，具有通勤上的优势；同时城中村的房屋租金远低于市区公寓租金，相对低廉的租房市场能够降低许多外来务工人员的生活成本，满足他们的居住需求。因此城中村中的出租房受到了外来务工人员的青睐。城中村承接了大量的外来租住人员，原住民也可以借此获得租金收益。

同时，基于外来务工人员的需求，城中村及其附近配套的餐饮摊点、零售商业、休闲娱乐设施等，在一定程度上为原住民提供了就业机会，促进了城中村的经济发展。

研究和调查表明，保留型城中村在很长一段时间内依然是承载城市低收入群体的较为重要的区域，因此对这一类城中村的改造应该特别处理，在保留原有空间环境的基础上进行小规模的改造活动。在保留城中村的前提下进行的改造有助于提高土地利用率，同时没有改变土地归集体所有的性质，减少了更新工作的难度。

常州市三个保留型城中村——朱家村、陈家村和梅家村在地理上分布紧密，周边分布着常州博物馆、常州奥林匹克体育中心、常州中央公园等文体场所，紧靠常州工学院、常州卫生高等职业技术学校等学院高校。同时，这三个城中村紧邻市政府、新北区人民法院、新北区政府等行政办事场地以及万达广场、欧尚购物中心等购物消费场所，区位条件存在优越性和特殊之处。

常州市在2009年前后对这三个城中村的空间环境进行了整治改造。改造方式包括如下三个方面。

第一，有效管理居民改扩建的现象。2008年以前，城中村原住民大多通过侵占庭院、街道等公共空间，增加房屋层数来扩大出租面积，

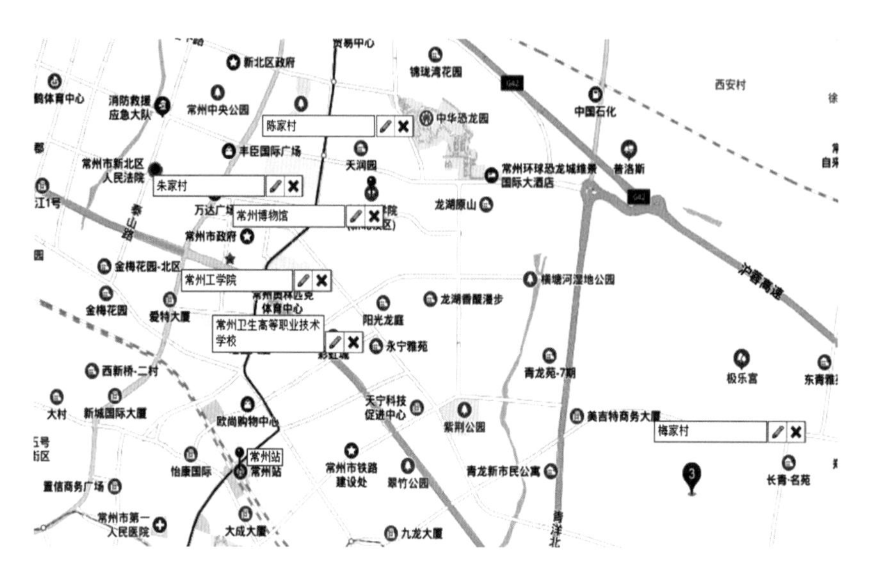


**图 4-3　常州市朱家村、陈家村和梅家村区位图**

资料来源：作者根据百度地图截图。

以获得更高的租金收益，但也导致了建筑内部分隔、杂乱无章的严重后果。2009 年前后，村集体对居民改扩建进行了有效的管控，打击违章违建的行为，并对户建筑面积进行相应的限制，同时改变道路与门庭混淆、通达性差的局面，使之符合消防通道建设的要求。

第二，对沿街建筑进行立面翻新，在主要道路的空地上开展绿化建设。立面翻新提升了建筑外观质量，体现了区域的统一规划；绿化的布置一方面遏制了非法占地的行为，另一方面也优化了村落的整体环境。

第三，完善市政配套设施，纳入城市管网系统。改变村庄废水就近直排河塘的局面，打通村庄和相邻城市居住区的管网。

这些举措符合区位条件好、有保留价值的朱家村、陈家村和梅家村的现实情况，成本低，见效快，使得城中村的面貌焕然一新。特别的是，保留型城中村的更新改造也为低收入者提供了在城市生活的空间。

## 第四节　做好城中村更新改造的政策建议

综上所述，城中村的处理可以分为两种模式。对于失去保留价值的大多数城中村，应当采用大规模的综合改造方式，进行村庄的整体拆除和土地的统一规划；对于区位条件特殊、空间形态较为完整独立、建筑外观质量较好或者存在不可搬迁的文化遗址的少数城中村，应当保留集体土地，针对具体难点推进小规模改造，协调各方利益。总体来说，做好城中村更新改造，需要从以下五个方面开展工作。

第一，城中村的改造需要保障农民的合法权益。新《土地管理法》指出“征收土地应当给予公平、合理的补偿，保障被征地农民原有生活水平不降低、长远生计有保障”。因此，从住房、就业、社会保障等方面维护和保障农民的合法权益应该是城中村改造的首要原则。例如，武汉市通过发放城市居民户口、建立住房保障体系、缴纳养老保险等方式保障城中村改造过程中农民的权利；广州市则通过规定改造主体优先建设复建补偿安置房来保障居民的权利。

第二，城中村改造需要化大为小。从上述案例可以看出，城市更新单元是深圳城市更新活动中的重要概念，城市更新单元的边界应结合更新地块、行政区划、法定图则的界线及道路围合、山体、河流等自然地理实体边界进行划定。依据“城市更新单元”的划定，深圳市提出可以选择对村里的某一块容易拆迁的地块单独旧改，大大提高了工作效率。相反，广州市采取整村改造的做法虽然能够在整体上提高城中村更新改造的效果，但是不利于项目的整体推进。

第三，城中村改造需要推动容积率的提高。容积率审批的空间意味着项目利润空间，能够激发开发商快速推动项目的意愿。广州对于容积率的提高进行了较为严格的限制，尤其是广州的旧改政策完全根据政府拆迁及相关标准计算得出容积率，直接导致各方利润空间非常小，项目难以推动。因此，其他地方在推动城中村更新改造过程中，要提高容积率让各方参与者有利可图，提高各方参与者的积极性。

第四，城中村的改造需要发挥社会主义市场经济制度的优越性。《中共中央　国务院关于构建更加完善的要素市场化配置体制机制的意见》[①] 指出要推进土地要素市场化配置，建立公平合理的集体经营性建设用地入市增值收益分配制度。以武汉市城中村改造为例，武汉市政府在城中村改造中对集体经营性建设用地入市进行了探索，规定改制后的经济实体拥有的已取得划拨《国有土地使用证》的土地可以进入市场交易。此外，乡镇企业用地存在产权不清的问题，不利于建立现代企业制度，不利于发挥市场化作用。武汉市通过对集体经济组织进行改制，建立产权清晰、权责明确、政企分开、管理科学的现代企业制度，可以提高集体经济效益。

第五，保留型城中村应当加强管理。上述案例分析表明，很多城中村能够为低收入人群提供较为低廉的住房，而且很多管理有序的城中村并不影响城市面貌，所以对保留型城中村应当加强管理。一是采用差异化出租的方式。加强公共租赁住房平台的建设，合理引导城中村住房租赁市场，走差异化出租道路。二是加大交通投入。便捷的交通条件是城中村人口集聚的重要因素之一。为了强化交通方面的优势，对村内路网密度低的区域进行道路铺建，对可达性差的区域进行步道疏通，合理规

---

① 该意见全文参见：http://www.gov.cn/zhengce/2020-04/09/content_5500622.htm。

划机动车道和停车场等区域，合理引入公共自行车、共享自行车等代步工具，有效整合边缘空间。三是打造商业、服务业业态。除了满足居住需求，也应更多关注城中村居民的日常生活需求。有效利用城中村缓冲空间（街道与住宅出入口之间）、住宅周边的边角空间、整合度较高的内部街道空间、对外联系较为方便的空地等，打造居民休闲、娱乐、购物等设施场所，形成相对完整的商业、服务业业态。

# 第五章　城市中生活区域更新

一般而言，实现居住条件的改善和生活品质的提高是城市更新的重要目标之一。城市生活区域与其他区域不同，很难通过提高容积率进行再开发，也很难通过持续经营获得现金流。在前文分析的基础上，本章将对城市生活区域更新的基本内容、模式以及部分案例进行剖析。

## 第一节　城市中生活区域更新概述

事实上，随着城市化进程的持续，城市发展不可避免存在阶段性，城市中供居民生活的区域也会逐渐老化、陈旧，这就需要持续研究城市中居民生活区域的更新改造问题。

### 一、城市化不同阶段的特点要求居民生活区不断更新

伴随着城市人口规模不断扩大，城市在发展过程中首先要解决的是越来越多的城市居民如何实现在城市有稳定居所的问题。城市化初期，人口向城市大量涌入，在房地产市场尚未充分发展的阶段，很多城市为了解决城市人口居住问题而采用了很多办法。比如，鼓励单位自建房通过福利分房的方式分给员工；允许工矿企业就地建设职工住房并配备医院、商业、学校等基础设施；允许部分旧楼宇改造为居民住房；等等。不可否认的是，上述办法在短期内解决了城市居民生活居住的基本需

求，但是也导致了危旧房、棚户区等问题。因此，需要通过对城市中生活区的更新来解决上述问题。

不仅如此，企事业单位的改革也使得很多居民生活区的基本公共服务难以得到保障。改革开放之前，我国很多企事业单位对职工的相关待遇实行大包大揽的政策，生活在企事业单位建造的福利房中的居民，不仅可以获得稳定的居所，而且基本生活服务、医疗服务与子女教育都有保障。随着改革不断深化，“单位制”逐渐瓦解，很多子弟学校划归地方管理、很多内部医院逐渐转制、国有企业逐步剥离与生产经营无关的业务等一系列改革措施使得老公房、棚户区等居民生活区的基本公共服务也难以得到保障。

由上述可知，随着城市化进程不断推进，城市中的居民生活区不仅存在危旧房与棚户区的问题，而且基本公共服务也难以得到保障。城市空间规模的扩张不是一蹴而就的，而是随着人口转移与交通基础设施建设有序扩张的，这就导致曾经新的生活区随着时间推移逐步变得陈旧。所以说，从城市发展的阶段性看，城市中的建筑物需要通过持续的城市更新来焕发新的生机。

## 二、现代城市土地利用率高的特征要求居民生活区不断更新

现代城市是人流、物流与信息流以及资金流的汇聚地，高度发达的服务业与良好的公共服务水平吸引了大量的人口向城市集聚，这就需要提高城市的人口承载力。因此，在人口不断向城市集聚的大背景下，诸多人口数量庞大的大型城市诞生了，这就需要通过提高容积率“向上发展”。改革开放初期，很多大城市在规划建设居民生活区时，并没有预料到近年来城市人口增长速度如此之快，所以很多老旧居民区的容积率

很低，甚至建有平房等。这就使得中心城区人口承载力较低，不利于外来人口的流入。

城市居民区的人口承载力不仅会影响人口流入，对城市中商业区域的发展也会产生影响。商店或者商业中心等存在“门槛效应”，也就是说如果人流量达不到盈亏平衡点，将不得不关闭。近年来，随着房地产价格不断上涨，很多商铺的租金越来越高，商家对人流量提出了更高的要求。而老旧小区土地利用率低，人流量相比较新型高层建筑少，所以很多老旧生活区的商业逐步关闭，更加影响了居民的基本生活。

以上分析表明，土地利用率或者土地使用强度不断提高是现代大城市的本质特征之一。因此，从提高土地利用率的角度来看，旧城区中的居民生活区需要通过更新改造适应城市发展的需求。

## 三、城市居民对住房的品质需求要求居民生活区不断更新

随着人们生活水平的提高，城市居民对住房品质提出了更高的要求，诸如更舒适、更安全、出行更便捷等要求。

首先，老旧生活区的基础设施较为落后。经济发展促使城市人口收入增加，城市居民家庭用车保有量不断上升，但是老旧生活区在设计建造之初并没有预料到私家车数量会爆发式增长，导致老旧生活区停车难问题较为严重，而且老旧小区内部道路设计对开车出行人群也不友好，影响了居民的生活品质。在人口老龄化持续加深的背景下，很多老旧生活区缺乏适老化设施，影响了老年人的生活品质。例如，很多老旧生活区没有安装电梯导致腿脚不便的老人很难出门；有的老旧社区没有供救护车进出的通道，会影响紧急情况下生病的老人接受救治；等等。在数字经济时代，老旧生活区新型基础设施的缺乏也是其在更新改造过程中

面临的新的问题，很多小区预留的空间较小，使得5G基站、通信电缆等无法进行合理布局，这些问题都需要在城市更新过程中得到优化解决。

其次，建筑物的老化会影响城市居民生活品质。随着时间的推移，很多老旧生活区的建筑外立面、公共区域设施等不断老化，而建筑领域的科技进步使得很多住宅区的户型设计、建筑质量等都在不断改善。在以上两种因素的作用下，老旧小区的居住条件与人们对高品质生活的追求之间的距离越来越远。这就需要通过公共维修基金或者筹集其他资金对公共区域以及建筑物外立面等进行升级改造，也需要鼓励居民主动对自有住宅进行升级改造。

最后，老旧小区管理能力缺乏。城市中的老旧小区大部分为单位自建房、拆迁安置房或者棚户区，这些建筑的建设主体已经剥离房地产相关业务，导致老旧小区长期缺乏优质的物业管理，很多老旧小区依赖于街道提供的基本物业服务。这就需要在老旧生活区更新改造过程中引入经营性主体，通过出让小区公共领域的经营权让经营性主体愿意投入资金提供物业管理服务。

## 第二节　老旧小区的更新改造

### 一、老旧小区的定义

从字面意思理解，老旧小区是指建成年代久远的住宅区域，这也意味着随着时间的推移，如今的新小区早晚也会成为老旧小区。当前，全国各地推进的老旧小区更新改造工作都对老旧小区做出了较为明确的定义。

《国务院办公厅关于全面推进城镇老旧小区改造工作的指导意见》[①]中把老旧小区定义为：城市或县城（城关镇）建成年代较早、失养失修失管、市政配套设施不完善、社区服务设施不健全、居民改造意愿强烈的住宅小区（含单栋住宅楼）。上述定义不仅从建成年代上对老旧小区进行了界定，而且从建筑物维修保护、基础设施以及服务设施等角度明确了哪些老旧小区需要列入更新改造范围。

## 二、中国关于老旧小区改造的政策

诸多文献普遍认为，全国层面关于老旧小区更新改造的政策始于2020年公布的《国务院办公厅关于全面推进城镇老旧小区改造工作的指导意见》。但是，其实早在21世纪初，我国就开始关注并探索老旧小区更新改造的相关工作。

早在2007年，《建设部关于开展旧住宅区整治改造的指导意见》就已出台[②]，在该指导意见中，明确了“旧住宅区是指房屋年久失修、配套设施缺损、环境脏乱差的住宅区，其整治改造的内容及标准要以满足居民最为迫切的居住需要为中心，充分考虑当地旧住宅区现状、可筹措资金规模等因素，科学合理地加以确定。各地应当将旧住宅区整治改造与发展节能省地环保型住宅有机结合，全面推进住宅建设的改革与发展”。同时，该意见明确了旧住宅区整治改造的目标是“逐步实现城市

① 该意见参见：https://www.gov.cn/zhengce/content/2020-07/20/content_5528320.htm。

② 该意见（建住房〔2007〕109号）为住建部2007年5月16日公布，原文参见：https://www.pkulaw.com/CLI.4.258946。

旧住宅区房屋住用安全、配套设施齐备、管理维护有效、环境整洁美化”。值得一提的是，该意见还对建筑节能提出了要求，明确“实施旧住宅区既有建筑的节能改造及供热采暖设施改造，推广应用新型和可再生能源，推进污水再生利用和雨水利用”。在小区管理方面，该意见提出“可以推行不同等级的专业化物业管理服务。对于居民收入水平较低、尚未具备引入物业管理条件的，可由街道办事处、居民委员会、居民共同负责住宅区的维护管理”。

随着中国特色社会主义进入新时代，党中央对我国城市工作提出了新的要求。2015年12月举行的中央城市工作会议上，习近平总书记发表重要讲话并指出“要深化城镇住房制度改革，继续完善住房保障体系，加快城镇棚户区和危房改造，加快老旧小区改造”①。2015年中央城市工作会议之后，全国各地老旧小区改造工作迅速稳步推进。2019年6月19日，时任国务院总理李克强在国务院常务会议上强调“部署推进城镇老旧小区改造，顺应群众期盼改善居住条件；确定提前完成农村电网改造升级任务的措施，助力乡村振兴；要求巩固提高农村饮水安全水平，支持脱贫攻坚、保障基本民生”②。

2019年，住建部会同发展改革委、财政部认真研究城镇老旧小区改造支持政策，印发了《关于做好2019年老旧小区改造工作的通知》，明确老旧小区更新改造按照“业主主体、社区主导、政府引领、各方支持”的方式统筹推进，采取“居民出一点、社会支持一点、财政补助一

① 中央城市工作会议的主要内容参见新华网：http://www.xinhuanet.com/politics/2015-12/22/c_1117545528.htm。

② 参见：https://www.gov.cn/guowuyuan/cwhy/20190619c19/mobile.htm。

点”等多渠道筹集改造资金①。2019 年 8 月 22 日，《中央财政城镇保障性安居工程专项资金管理办法》② 也将老旧小区改造纳入支持范围，该办法进一步规定专项资金“主要用于小区内水电路气等配套基础设施和公共服务设施建设改造，小区内房屋公共区域修缮、建筑节能改造，支持有条件的加装电梯支出”。

2020 年 7 月 20 日，《国务院办公厅关于全面推进城镇老旧小区改造工作的指导意见》正式发布，此文件为各地城镇老旧小区的改造工作提出了总体要求，在改造任务、组织实施机制、资金来源和配套政策方面的意见推动了各地老旧小区改造工作的规范性和有效性。

在改造内容方面，该意见明确将老旧小区更新改造分为基础类、完善类、提升类三类。所谓基础类，就是要满足居民安全需要和基本生活需求的内容，主要是市政配套基础设施改造提升以及小区内建筑物屋面、外墙、楼梯等公共部位维修等。所谓完善类，主要是环境及配套设施改造建设、小区内建筑节能改造、有条件的楼栋加装电梯等。所谓提升类，主要是公共服务设施配套建设及其智慧化改造，包括改造或建设小区及周边的社区综合服务设施、卫生服务站等公共卫生设施、幼儿园等教育设施、周界防护等智能感知设施，以及养老、托育、助餐、家政保洁、便民市场、便利店、邮政快递末端综合服务站等社区专项服务设施。

在资金筹集方面，该意见提出要建立改造资金政府与居民、社会力量合理共担机制。按照谁受益、谁出资原则，积极推动居民出资参与改

---

① 参见：https://www.gov.cn/xinwen/2019-07/01/content_5404914.htm。
② 参见：https://www.gov.cn/xinwen/2019-09/18/content_5430810.htm。

造，可通过直接出资、使用（补建、续筹）住宅专项维修资金、让渡小区公共收益等方式落实。而对于政府资金，则按照“保基本”的原则，重点支持基础类改造内容。同时，该意见也指出，支持城镇老旧小区改造规模化实施运营主体采取市场化方式，运用公司信用类债券、项目收益票据等进行债券融资。在引入社会资本方面，该意见鼓励企业主体参与老旧小区更新改造，改造后专营设施设备的产权可依照法定程序移交给专业经营单位，由其负责后续维护管理。

在组织机制方面，要求各地建立健全政府统筹、条块协作、各部门齐抓共管的专门工作机制，明确各有关部门、单位和街道（镇）、社区职责分工，制定工作规则、责任清单和议事规程，同时要求城镇老旧小区改造要与加强基层党组织建设、居民自治机制建设、社区服务体系建设有机结合。

## 三、老旧小区更新改造的难点

老旧小区更新改造相关工作不同于房地产开发业务，由于其资金回报率低、原住民关系复杂、原来的基础设施落后等，老旧小区更新改造工作存在诸多难点。自从 2015 年中央城市工作会议召开以来，尤其是 2020 年国务院办公厅发布第 23 号文以来，全国很多地方都在老旧小区更新改造方面进行了大量的实践工作，国内诸多研究者也从多个角度对老旧小区更新展开了研究。总体上，老旧小区更新存在的难点主要包含以下三个方面。

第一，老旧小区更新改造资金筹集存在困难。从维修基金使用的角度看，虽然国办发〔2020〕23 号文提出可以使用住宅专项维修资金来实施小区的更新改造，但是维修基金的使用存在诸多困境。陈德豪、吴开泽的研究表明，物业维修资金的缴存、使用和监督存在大量管理难题，物业维修资金筹集、使用需“双三分之二”表决通过，这就使得业主们花费很多精力依然难以生成一项决议，而且业主委员会成立并顺利运作的比例偏低，导致物业维修资金的使用既缺乏有效的组织形式，又缺乏规范的议事机制和有效的权力制衡机制。[①] 在吸引社会资本方面，徐晓明、许小乐认为，引入社会力量参与老旧小区改造能够有效提升改造资金筹集能力，降低财政支出压力，也能够激发居民的积极性，提高改造的内生动力。但是，社会力量统筹协调多个利益主体难度大，社会力量参与投资回报难以保障。所以，需要积极创新老旧小区改造市场化的体制机制，通过政府特许经营、PPP、ROT、BOT 等政企合作模式采取政府委托、招投标、竞争性谈判等方式，建立“利益共享、风险共担、全程合作”的关系；明确建立老旧小区改造后的持续服务和运营保障机制，如对物业、停车和便民服务设施等项目进行市场化运营收费，以及对社区养老服务、电梯运营等服务性收费的合规性管理。[②] 刘金程、赵燕菁比较了老旧小区更新改造过程中拆除重建式的成片改造和居民主导式的自主更新两种模式中的资金筹集方式。成片改造模式中，居民往往处于被动地位，在政府的主导推动下，通过高额的拆迁补偿，改造项目得以为继。政府方既拉动了固定投资，推动了城市 GDP 的增长，又实现了城市风貌的改善，看似双赢的局面却让居民认可度较低。在这种高投入、低收益且居民认可度不高的拆除重建模式下，政府方显然把

---

① 陈德豪，吴开泽. 物业专项维修资金管理困境与管理模式研究——以广州市老旧小区为例 [J]. 城市问题，2020 (6)：83 - 90.

② 徐晓明，许小乐. 社会力量参与老旧小区改造的社区治理体系建设 [J]. 城市问题，2020 (8)：74 - 80.

自己陷入被动地位。自主更新模式中，政府通过政策引导居民自主改造，在满足其自主改造的内在动力和改造资金来源后，可以把原本需要政府和居民方协调的过程下放到居民之间，让业主之间相互协调。政府方花费少量的成本，且没有融资风险，打造高颜值社区，而居民也能在保留原有社会邻里关系的情况下，获得改造带来的不动产资本升值。[①] 张佳丽等研究指出，老旧小区内部具有很多低效乃至闲置空间，这些资源基本归属政府、国企及相应的事业单位，难以统筹用于平衡社会力量投资、集约发挥服务效能，社会资本在老旧小区改造中的回报一部分需要质押运营权，但我国金融机构针对这一情况并没有成熟的贷款产品、审核流程及风险控制标准。因此，需要引导国家开发银行、农业发展银行等政策性银行出台长周期、低利息的“绿色”金融产品。[②] 通过上述文献不难发现，推动老旧小区更新应该在坚持“谁受益、谁出资”原则基础上，通过小区部分物业经营权的转让引入社会资本，同时，也需要金融机构为老旧小区改造提供新的融资渠道。

第二，老旧小区更新改造主体之间存在沟通障碍与利益纠葛。在老旧小区更新改造的过程中，社区居民、地方政府、社区组织和社会资本都是参与的主体。过去的“旧改”多由政府主导实施，资金主要由政府负担，导致政府财政负担重，且动用财政为部分居民改造，也有违公平性原则。社区组织作为小区居民与项目实施主体之间的桥梁，负责两者之间的沟通对接，理所应当充分发挥街道办事处、居委会的桥梁作用，

---

① 刘金程，赵燕菁. 旧城更新：成片改造还是自主更新？——以厦门湖滨片区改造为例 [J]. 城市发展研究，2021，28 (3)：1-6.

② 张佳丽，张恒斌，刘楚，等. 基于国际比较视角下的我国城镇老旧小区改造市场化融资模式研究 [J]. 城市发展研究，2022，29 (2)：7-11.

增进政府和居民之间的有效沟通。而社会资本的介入不仅可以带来增量资金，也可以引入便民服务业态，形成长期微利回本模式。但是，社会资本也会对资金回报率有所考量，推动社会资本参与老旧小区改造存在一定的困难。国内诸多学者对老旧小区更新改造实施主体之间的关系展开了研究。例如，黄珺、孙其昂指出，每个参与治理的主体所掌握的资源是有限的，治理则强调调动各主体资源，形成一个自主协调的网络，最终达成集体行动，共同完成治理的目标，就如老旧小区治理的参与主体、小区内的资源等都是相对固定的，所以在此情况下形成的困境是静态的。要达成集体行动，各治理参与主体必须相互依靠，各主体在行动中必须交换各自的资源，且交换的结果不仅取决于各个参与主体的资源，而且也取决于游戏规则以及进行交换的环境。① 王书评、郭菲就如何构建城市老旧小区更新中多主体协同机制展开了研究，他们认为主体之间的理性沟通是科学开展城市更新的核心要点和关键。多主体协同的重要内容为加强主体组织建设，为每一个更新项目成立独立核算的组织。该组织由管理主体、实施主体和产权人等三方主体经协调统一以最优化模式协同设立。该组织不是以盈利为唯一目标的经济体，但可以考虑适当的盈利，如提升容积率、整体环境改善后提升建筑价值等，这样可以尽最大限度满足三方主体的各种需求，实现多方共赢的结果。② 邢华、张绪娥通过对北京“劲松模式”的剖析，分析了市场主体与原住民的沟通在老旧小区更新改造中的作用，旧小区改造与一次性开发和销售

---

① 黄珺，孙其昂．城市老旧小区治理的三重困境——以南京市 J 小区环境整治行动为例［J］．武汉理工大学学报（社会科学版），2016，29（1）：27－33.

② 王书评，郭菲．城市老旧小区更新中多主体协同机制的构建［J］．城市规划学刊，2021（3）：50－57.

的商业逻辑不同，它具有微利性质，需要企业扎根到老旧小区，与政府、社区和居民合作推动老旧小区可持续发展。在这个过程中，企业呈现出商业和公益双重特征，参与劲松北社区改造的企业不仅以微利可持续模式实现了项目良性循环，而且构建了有机更新的社区合作治理模式。① 以上研究表明，相应的制度设计促使老旧小区更新过程中的相关主体进行有效的沟通，是成功实施老旧小区更新的前提条件。

第三，老旧小区更新改造后长效管理机制很难建立。老旧小区由于建设年代久远，长期以来缺乏规范的物业管理，甚至很多居民并不愿意为物业服务付费，这给老旧小区更新之后的管理带来了挑战。例如，任燕、任育瑶指出，老旧小区居民参与组织建设意愿薄弱，组织化程度较低，社区居委会行政化色彩严重，老旧小区居民参与社区治理意识较为淡薄。② 张佳丽等提出，影响居民参与积极性的因素既包括利益驱动、社会资本等内在因素，也包括相关制度和社区治理水平等外部因素。为提高居民参与积极性，需要从制度和机制等方面入手改革并完善小区治理体系。③ 秦小建、朱俊亭指出，碎片化的治理格局、复杂产权结构与群体利益分化以及传统思维模式与现代公共服务需求之间的矛盾，共同构成老旧小区治理的复杂情境，他们调研发现，通过发挥党建引领作用、整合社区治理结构、设立多元自治组织激活社区公共精神、创建家庭文明诚信档案制度等，可以将自治、法治、德治相融合，逐步摆脱老

---

① 邢华，张绪娥. 社会企业如何推进老旧小区改造合作生产？——以北京劲松北社区老旧小区改造为例［J］. 城市发展研究，2022，29（9）：63－69.

② 任燕，任育瑶. 单位老旧小区治理中居民有效参与的困境与出路［J］. 西安财经大学学报，2022，35（4）：95－107.

③ 张佳丽，温标，朱东剑等. 社区居民参与老旧小区改造积极性的影响因素研究——基于衡水市桃城区老旧小区改造的实证观察［J］. 城市发展研究，2021，28（10）：29－33.

旧社区治理掣肘，打造出一种政党整合型的现代熟人社区治理模式。[①]以上研究表明，推动老旧小区更新不仅需要考虑基础设施与建筑物本身的更新，为更新改造后长效管理机制的构建提前谋划，而且要充分发挥基层党组织与社区组织的作用。

综上，老旧小区更新改造虽然得到了政策方面的大力支持，但是依然存在诸多困境。当前，各地在探索老旧小区更新改造过程中积累了一些经验，需要适时把这些经验进行总结，从而促进全国更大范围内的老旧小区更新改造。

## 四、厦门湖滨片区老旧小区更新改造案例[②]

### 1. 基本情况

在厦门经济特区建设之初，数以万计参与特区建设的职工被安置于湖滨片区的单位宿舍。随后，环筼筜湖板块成为厦门城市发展的重心。在此过程中，湖滨片区形成了“湖滨一至四里”的格局。该片区位于厦门市思明区筼筜湖，其范围北至湖光路、南至湖滨南路、西至湖滨中路、东至湖滨东路，总用地面积约 42.03 公顷。该片区地理位置优越，交通基础设施便利，汇集湖滨东路、湖滨南路、湖滨中路等多条交通主干道，紧邻地铁 1 号线和 3 号线的交汇站点湖滨东路站，且厦门火车站在其两公里之内。该区域教育资源十分优质，第八幼儿园、第九幼儿园、滨东小学、厦门外国语国际附属小学、湖滨中学等组成了完备的教

---

① 秦小建，朱俊亭. 政党整合型熟人社区治理：老旧社区治理模式探索——以 Y 市 D 社区为样本 [J]. 理论探讨，2022 (1)：36 - 43.

② 刘金程，赵燕菁. 旧城更新：成片改造还是自主更新？——以厦门湖滨片区改造为例 [J]. 城市发展研究，2021，28 (3)：1 - 6.

育体系。不仅如此，该片区其他生活配套完善，周边生态景观环境优越，靠近白鹭洲公园；邻近湖滨南—火车站、莲坂两大商圈，拥有华润万象城等商场，为居民生活提供极大的便利。随着时间的流逝，湖滨片区主要楼房的房龄都已过长，加之楼房的类型都是“预制板房”，质量较差。而且，老旧的湖滨片区位于厦门市中心附近，严重影响城市形象，该区域的更新改造迫在眉睫。

在制度保障方面，2014 年 7 月 21 日，厦门市出台《厦门市预制板房屋自主集资改造指导意见（试行）》①，提出预制板房屋自主集资改造，遵循“业主自愿、资金自筹、改造自主”的原则，改造方案应经房屋全体所有权人书面同意。该文件规定，改造方式为原地翻建且在周边条件允许的条件下，可适当增加每套套内使用面积，但不得超过原面积的 10%。该文件给具有自主改造意愿的居民提供了政策保障。

但是，该片区全面更新改造工作始于 2020 年。2019 年 12 月 25 日，在思明区第十七届人民代表大会第四次会议上，思明区人民政府工作报告明确提出，启动湖滨一里至四里片区改造，打造老城区成片改造样板工程，着力建设现代化国际社区典范②。2020 年 4 月 20 日，湖滨片区改造提升总指挥部在湖滨东路 289 号挂牌成立，意味着湖滨片区改造提升正式启动。

2. 更新改造过程描述

在整个湖滨片区进行更新改造之前，存在湖滨 1 里 60 号楼一个特殊的案例。该案例原计划采用居民自主更新的方式进行更新改造，但以

① 该文件参见：https://www.pkulaw.com/CLI.14.888991。

② 参见：2020 年思明区人民政府工作报告，http://www.siming.gov.cn/zfxxgkzl/qrmzf/zfxxgkml/zfgzbg/202003/t20200324_623192.htm。

失败告终。在2014年《厦门市预制板房屋自主集资改造指导意见（试行）》出台后，当地规划局到社区提供了现场咨询。其中湖滨1里60号楼大多居民表达了强烈的自主改造意愿。但一户业主因资金原因拒绝了自主改造，导致该更新改造项目被搁置。2017年年初，经过业主间反复协商后，全部业主同意改造。但2014年公布的自主改造相关文件已过有效期，且60号楼产权细分在24户居民手中，导致代建单位需要分别与24户业主签署代建协议，代建单位顾及今后的协商难度从而放弃介入改造①。

2020年，湖滨片区开始了以政府为主导的更新模式，该模式是政府主导、开发商代建的拆除重建式。在项目的准备阶段，政府成立指挥部，对项目进行大规模摸底，致力于了解居民的搬迁意图，当整体预签约搬迁补偿协议的比例达90%，政府才开始启动项目。在征地拆迁过程中，厦门市思明区人民政府出台《厦门市湖滨片区改造提升项目国有土地上房屋征收补偿安置方案（征求意见稿）》②，为房屋征收提供了政策保障与制度支持。该文件中包括拆迁范围、住宅及非住宅补偿方式和标准、其他补偿和补助及奖励标准。政府通过给予按时签约和交房的征收人以货币奖励及准许其优先选房的方式来提升签约和交房效率。同时，政府为居民搬迁提供装修补偿、搬迁补助费、临时安置费，以及水表、电表、电话、电视、空调等移机补助费，通过多层次的补助来改变居民不愿搬迁的意愿。

---

① 梁玲燕. 区分所有住宅更新的困境与对策探索［D］. 厦门：厦门大学，2019.

② 参见：http://www.siming.gov.cn/zfxxgkzl/qrmzf/zfxxgkml/zcfg/qzfwj/202012/t20201230_764417.htm。

关于资金问题，政府在更新范围内划出两块出让土地，以平衡改造所需的资金。同时，项目其他收入包括居民自行回购安置房扩大面积带来的收入、可售商业的收入、可售停车位的收入。收入扣除投入后，政府所获净资本收益甚微，改造收益倾向居民方①。

2023年8月16日，湖滨片区改造提升项目的首栋安置型商品房主体结构顺利封顶，这意味着该项目建设进入新的阶段，项目计划2025年全部竣工交付②。

3. 更新改造过程中的难点与突破

在厦门湖滨片区更新改造进行过程中存在诸多难点。第一，协调过程艰难。在60号楼更新改造过程中，一户居民不同意进行自主更新改造，导致项目被耽搁。第二，产权分散影响建设单位决策。60号楼产权细分在24户居民手中，代建单位不仅需要分别与24户业主签署代建协议，而且由于没有统一法人，出现无法签署代建合同和改造资金无法存放的情况，最终代建单位放弃介入改造。第三，签约过程困难，耗费人力。根据调查结果显示，签约居民中仅有60%左右真正支持拆迁，其余居民均是被动同意拆迁，可想而知签约过程的困难程度。签约过程是政府与居民利益博弈的过程，该更新改造项目的补偿标准低于之前附近地铁征拆社区的补偿标准，因此居民不愿拆迁也在情理之中。另有一部分居民出于担心拆迁之后原有邻里关系被破坏而拒绝搬迁。在厦门市思明区人民政府网站中，可以查找到居民在签约期限前尚未与政府达成

---

① 刘金程，赵燕菁. 旧城更新：成片改造还是自主更新？——以厦门湖滨片区改造为例［J］. 城市发展研究，2021，28（3）：1－6.

② 引自：厦门全市最大旧城改造项目湖滨片区改造提升项目，http://xm.fjsen.com/2023-08/17/content_31388255.htm。

征收补偿安置协议的情况①。

厦门地方政府为促进老旧小区更新改造，通过一些制度安排给老百姓带来福利，从而推动更新改造工作顺利进行。《厦门市湖滨片区改造提升项目国有土地上房屋征收补偿安置方案（征求意见稿）》中明确提出：政府补偿被征收人三年的过渡安置费，超过三年的，征收组织实施单位应当从逾期之月起，向自行过渡的被征收人支付双倍临时安置费。这一政策保障了被征收者没有在规定期限内收到房屋的经济补偿，给予了被征收者一定的安全感，同时逾期双倍临时安置费作为一项额外的成本可以在一定程度上加速建设工程的进度。同时，政府为居民搬迁提供装修补偿、搬迁补助费、移机补助费等补助，从而改变居民的搬迁意愿。对于不能顺利达成协议的住户，政府将通过强制措施促使其参与更新改造。比如上文中提到的某居民在签约期限前尚未与政府达成征收补偿安置协议，政府做出决定要求该居民必须从产权调换和货币补偿两种方式中择一进行安置。②

居民同意搬迁的最根本原因是更新改造带来了利益。根据厦门市房地产市场预估，改造后房价可由每平方米约 7 万元上涨至 10 万元，除去安置房新增面积回购的支出，政府给出远低于市场价的每平方米 4.5 万元回购价，居民通过更新改造获得了较大的收益。

4. 案例启示

湖滨片区的城市更新既包括自主更新，也包括政府主导的更新，两

① 引自：厦门市思明区人民政府关于厦门市湖滨片区改造提升项目范围内湖滨四里 69 号 202 室房屋征收补偿的决定，http://www.siming.gov.cn/zfxxgkzl/qrmzf/zfxxgkml/zcfg/qzfwj/202107/P020210702827217295784.pdf。

② 同①。

种城市更新的模式集中于一个案例中，能够更好地比较两种城市更新模式的优劣。

以自主更新为模式的湖滨1里60号项目以失败告终，最重要的原因是巨大的协调成本。旧城改造往往是集合住宅，获取所有居民对于自主更新模式的认可与同意本身就是难题，在更新改造过程中的报批、设计、组织施工、验收等步骤的复杂程度让人望而生畏。缺少法人地位的改造团体导致项目改造资金无法存取、代建合同无法签署，这表明目前城市更新自主改造模式缺乏相应健全的制度设计，政府应制定政策允许以楼栋为单位成立协商团体对公共事务进行管理决策，并完善协商规则以保障协商的结果。

以政府主导为模式的更新改造促使了湖滨片区更新改造项目的成功，重要的原因是政府接手减少了协调的成本。政府通过耗费大量的人力与物力克服了巨大的征收阻力，通过土地融资的方式弥补更新改造项目中的资金短缺问题，体现了“集中力量办大事”的优势。同时以政府主导为模式的更新改造项目在宏观上考虑了整个区域的经济发展与城市形象，对安置房建设及学校、公园、市政道路等配套工程都进行了统一谋划。

由政府主导的湖滨片区更新改造相较于自主更新也存在一些劣势。第一，利用土地融资去平衡城市更新项目的资金缺口，造成了公共资本的消耗；利用政府大量的人力去克服征收阻力，增加了政府人力资源的压力。第二，湖滨片区成片改造中政府补助居民3年的安置周转费，因此成片改造的周转成本是更高的。第三，成片改造需承担很大的公摊面积，对于那些不加购的居民来说，改造后的居住空间反而比改造前小，新增面积需要居民购买也增加了居民的负担，而自主更新模式下居民不需要承担公摊。

尽管在该案例中政府主导模式优于居民自主更新模式，但实际上，政府为居民“买单”，从长远来看，还是应该秉持“谁受益、谁承担”的原则，老旧小区的更新改造应以居民为主体进行，而政府应为居民自主更新老旧小区提供更加完善的制度保障。

## 第三节 棚户区的更新改造

### 一、中国关于棚户区更新改造的政策

我国特别重视城市中低收入群体的住房问题，较早地开启了棚户区改造的相关工作，避免了西方国家与拉美国家普遍存在的“贫民窟”现象。诸多研究认为，全国层面大规模推动棚户区更新改造的政策始于2013年7月12日发布的《国务院关于加快棚户区改造工作的意见》。事实上，早在2007年我国就开始探索在全国层面推动棚户区更新改造工作。从实践的角度看，国内的研究普遍认为辽宁省率先启动了棚户区更新改造的相关工作。

2007年，国发〔2007〕24号文件《国务院关于解决城市低收入家庭住房困难的若干意见》对棚户区改造提出明确的指导意见，该文件提出“对集中成片的棚户区，城市人民政府要制定改造计划，因地制宜进行改造。棚户区改造要符合以下要求：困难住户的住房得到妥善解决；住房质量、小区环境、配套设施明显改善；困难家庭的负担控制在合理水平”。[①] 2009年12月，住房和城乡建设部、国家发展和改革委员会、

① 参见：https://www.gov.cn/zwgk/2007-08/13/content_714481.htm。

财政部、原国土资源部以及中国人民银行联合发布了《关于推进城市和国有工矿棚户区改造工作的指导意见》[①]，该指导意见对工矿棚户区的更新改造工作首次提出明确要求。在资金筹措方面，该意见提出采取财政补助、银行贷款、企业支持、群众自筹、市场开发等办法多渠道筹集资金。在政策支持方面，该意见提出对城市和国有工矿棚户区改造项目，免征城市基础设施配套费等各种行政事业性收费和政府性基金。在土地政策方面，该意见提出城市和国有工矿棚户区改造安置住房用地纳入当地土地供应计划优先安排。在补偿安置方面，该意见提出要完善安置补偿政策，城市和国有工矿棚户区改造实行实物安置和货币补偿相结合，由被拆迁人自愿选择。

财政部也相继出台了相应的政策支持棚户区改造工作。2010 年 2 月，《财政部关于切实落实相关财政政策积极推进城市和国有工矿棚户区改造工作的通知》[②] 发布，在资金筹集、税费优惠等方面制定了相应的支持政策。2010 年 6 月，财政部与住房城乡建设部印发了《中央补助城市棚户区改造专项资金管理办法》[③]，对中央财政设立补助城市棚户区改造专项资金的使用规则进行了明确。2012 年 8 月，财政部与住房城乡建设部对《中央补助城市棚户区改造专项资金管理办法》进行了修订。[④]

在 2008 年至 2012 年对工矿棚户区更新改造工作的基础上，为进一步加大棚户区改造力度，2013 年 7 月，《国务院关于加快棚户区改造工作的意见》[⑤] 正式公布。该意见对四类棚户区改造目标提出了明确要

① 参见：https://www.gov.cn/gzdt/2010-01/08/content_1505699.htm。
② 参见：https://www.gov.cn/gongbao/content/2010/content_1677859.htm。
③ 参见：https://www.gov.cn/gongbao/content/2010/content_1730701.htm。
④ 参见：https://www.gov.cn/gongbao/content/2012/content_2275420.htm。
⑤ 参见：https://www.gov.cn/zhengce/content/2013-07/12/content_4556.htm。

求：在城市棚户区改造方面，明确2013年至2017年五年改造城市棚户区800万户，并且要逐步将其他棚户区、城中村改造，统一纳入城市棚户区改造范围；在国有工矿棚户区改造方面，明确五年改造国有工矿（含煤矿）棚户区90万户；在国有林区棚户区改造方面，明确五年改造国有林区棚户区和国有林场危旧房30万户；在国有垦区危房改造方面，明确五年改造国有垦区危房80万户。在资金支持方面，首次提出了允许通过发行企业债券的方式筹集资金，鼓励符合规定的地方政府融资平台公司、承担棚户区改造项目的企业通过发行企业债券或中期票据，专项用于棚户区改造项目。

2014年8月，《国务院办公厅关于进一步加强棚户区改造工作的通知》① 正式公布，该通知要求"抓紧编制完善2015—2017年棚户区改造规划，将包括中央企业在内的国有企业棚户区纳入改造规划，重点安排资源枯竭型城市、独立工矿区和三线企业集中地区棚户区改造"。特别值得一提的是，该通知还提出"国家开发银行成立住宅金融事业部，重点支持棚户区改造及城市基础设施等相关工程建设""适当放宽企业债券发行条件，支持国有大中型企业发债用于棚户区改造"。可以说，国家在金融方面对棚户区改造的支持政策取得了较大的突破。2015年6月，《国务院关于进一步做好城镇棚户区和城乡危房改造及配套基础设施建设有关工作的意见》② 出台，该意见首次提出"推动政府购买棚改服务"。同时，为了配合房地产市场去库存，该意见提出"积极推进棚

---

① 参见：https://www.gov.cn/zhengce/content/2014-08/04/content_8951.htm。

② 参见：https://www.gov.cn/zhengce/content/2015-06/30/content_9991.htm。

改货币化安置。缩短安置周期，节省过渡费用”。

在棚户区更新改造取得成绩的同时，也带来了地方政府隐性债务增加的问题。由此，2018年3月，财政部会同住房城乡建设部发布了《试点发行地方政府棚户区改造专项债券管理办法》①，对棚户区改造融资行为进行了规范。

## 二、棚户区产生的原因

2012年12月，中华人民共和国住房和城乡建设部等七个部门联合发布的《关于加快推进棚户区（危旧房）改造的通知》② 对城市棚户区进行了定义，城市棚户区（危旧房）是指“城市规划区范围内，简易结构房屋较多、建筑密度较大，使用年限久，房屋质量差，建筑安全隐患多，使用功能不完善，配套设施不健全的区域”。国有工矿棚户区、国有林区棚户区、国有林场危旧房以及国有垦区危房也属于需要更新改造的棚户区范围。

我国的棚户区虽然也是低收入者居住集中区，但是与国外的贫民窟有着本质不同。国外的贫民窟多是进城农民在城市郊区，或道路两旁搭建起来的简易住房组成的社区群落，因为这些国家不仅没有严格的户籍制度限制农民进城，而且不禁止进城农民在城市中心以外的其他地方建房搭屋。因此与国外的贫民窟主要是进城农民聚居的社区群落有所不

① 参见：https://www.gov.cn/zhengce/zhengceku/2018-12/31/content_5439440.htm。

② 参见：https://www.mohurd.gov.cn/gongkai/zhengce/zhengcefilelib/201212/20121226_212390.html。

同，棚户区是中国社会经济发展过程中的历史产物。[①] 不仅如此，我国的棚户区与国外贫民窟的区别在于，国外的贫民窟是大城市的低收入阶层聚居的高密度区域，这些在经济状况和社会地位上处于弱势的人群根据各自的经济力与社会力选择流入城市中的贫民住区，为了建立自己的生活防御体系，他们集中居住在特定地区，并逐渐形成了具有特定文化价值和社会秩序的社会区域。[②] 我国的棚户区大多数是国有土地性质，是我国国有企业改革与产业结构升级过程中产生的历史问题。我国棚户区的产生有以下两个方面的原因。

第一，工矿企业逐渐改革引致的棚户区问题。1949 年初期，我国很多工矿企业围绕矿产资源或者林业资源等进行分布，为了解决员工的住房需求以及其他生活需求，在企业附近修建了工业居所。随着矿产、林业资源逐渐枯竭和企业改革，很多工人依然留在原有的居所居住。但是，这些生活集聚区往往建设水平较低而且离城市主城区较远，久而久之就形成了棚户区问题。

第二，改革开放后，随着城镇化进程的加快，农村大量剩余劳动力加速向城镇转移，受到经济能力的限制，可承担的房租较低，因此刺激了城市中私搭乱建房屋现象的出现，往往围绕着就业场所形成新形式的棚户区。不仅如此，原有工矿企业的职工结束上山下乡返城以及子女出生，又带来了更多的居住需求，这就使得原有的棚户区私搭乱建现象更为严重。此外，也有部分城市居民为了解决住房需求占用历史建筑等，

---

① 刘宇. 棚户区改造政府角色定位的模式机理分析 [J]. 云南师范大学学报（哲学社会科学版），2015，47（5）：99－102.

② 李国庆. 辽宁省棚户社区的形成与复兴 [J]. 经济社会体制比较，2012（5）：68－79.

一些城市中的棚户区甚至出现了很多居民挤在同一幢历史建筑的现象。

## 三、棚户区更新改造的难点与突破

虽然国家层面出台了诸多政策支持棚户区改造，但是由于棚户区属于历史遗留问题，随着时间的推移，各种问题不断累积，在棚户区更新改造过程中存在诸多难点。经过多年的实践，很多地方政府通过机制创新形成了一些值得借鉴的做法。

1. 棚户区更新改造存在的困难

一是参与棚户区更新的主体之间存在协调困境。棚户区改造过程中的利益博弈主要在地方政府、开发商和被拆迁方三者当中展开，三者均存在自己的利益诉求。地方政府不仅要完成上级政府交办的棚户区改造的指标，而且要考虑城市形象、拆迁建设成本以及是否引发抗拒拆迁等群体事件等。开发商需要从收益的角度出发，尽可能降低开发成本等。而原住民则希望能够在更新改造的过程中尽可能增加自己的收益或者尽快搬入更好的住所。为了公正、公平开展棚户区改造，有必要确立一套科学化的利益调节机制，以化解地方政府、开发商和被拆迁方三者之间的矛盾达到共赢①。

二是“单位制”瓦解后导致管理成本增加。改革开放之前，国有企业承担了一些非经营性职能，很多国有企业向员工提供生活服务、教育资源、医疗服务等，因此很多城市存在“单位制”承担社区职能的现象。随着国有企业市场化改革进程不断加速，“单位办社会”现象逐步消失，这在提升企业效率的同时也带来棚户区管理的问题。很多棚户区由于脱

① 赖小慧，唐孝文，冯华. 利益分析视角下棚户区改造问题与对策［J］. 广西社会科学，2017（7）：157－161.

离了原有单位的管理，往往存在管理缺失、秩序混乱甚至人户分离等现象，增加了更新改造过程中的沟通成本，制约了棚户区更新改造工作。

三是资金筹集存在困难。从土地增值的角度看，棚户区一般都处于工矿企业附近或者林区，其距离城市商业区较远，棚户区的土地很难产生较高的商业价值，这会降低开发商参与棚户区更新改造的意愿。从棚户区原来的建造单位角度看，很多国有企业经营能力较差，已经很难有资金投入棚户区改造。

四是棚户区居民结构较为复杂，不利于更新工作的开展。国内一些学者的研究表明，棚户区居民普遍学历较低、年龄偏大且收入较低①，并且还有些棚户区的居民由于历史原因并没有获得居住区域的产权，这些都会使得棚户区更新改造过程中沟通成本较大。不仅如此，很多棚户区居民的工作往往在棚户区附近，如果采取异地安置的方式，会产生新的失业问题。

2. 棚户区更新改造取得的突破

全国各地在推动棚户区更新改造过程中积累了较为丰富的经验，国内很多学者通过案例剖析的方式对棚户区更新改造展开了大量的研究，各地在棚户区更新改造过程中的突破主要表现在以下几个方面。

第一，强化组织建设可以提高工作效率。楚德江对江苏省徐州市棚改工作的研究表明，徐州市成立了棚改工作领导小组，各区、徐矿集团也都成立了相应的工作机构，市棚改办在充分征求区、办事处意见的基

---

① 胡放之. 保障住房、增加就业与改善民生的可持续性——以湖北黄石棚户区改造为例 [J]. 理论月刊，2014（12）：147－151.

础上，研究制定每个项目的政策性指导意见，有力地推动了棚改工作①。北京市通州区通过召开村两委会、党员代表会、村民代表会，利用“七一”主题党日活动组织全体党员重温入党誓词，支持棚改。在棚改过程中，广大党员主动参与棚改，积极做家人工作，1000多户党员家庭都在第一时间践行承诺、带头签约。在选房时，有的党员干部还主动把靠前的机会让给群众。② 上述事实都说明共产党员在棚户区改造中发挥了攻坚克难的作用，也说明了强有力的组织构架是做好攻坚克难工作的重要保证。

第二，创新融资渠道能够有力支撑棚户区更新改造工作。由于棚户区本身的特点，社会资本一般参与棚户区改造的积极性不大，因此，需要创新融资渠道为棚改工作引入长期资金。在国家开发银行成立专门的金融事业部之前，地方政府已经进行了一些探索。以全国棚改工作最早开始的辽宁省为例，辽宁省2005年以专项资金作为引导，坚持多元市场化渠道融资，构建市场化融资平台，探索“政府＋市场＋社会”各一块的融资模式。该省棚改在两个5年期间的融资额增长了700多倍③。2018年《试点发行地方政府棚户区改造专项债券管理办法》开始实施，给棚户区更新改造创造了新的融资渠道，许鹏指出，通过发行棚改专项债券为棚改融资打开“正门”成为地方政府合法合规的举债途径，并向健全地方政府举债机制迈进一步，为棚改提供了足够的资金支持。棚改

---

① 楚德江. 我国城市棚户区改造的困境与出路——以徐州棚户区改造的经验为例 [J]. 理论导刊，2011 (3)：43－46.

② 高斌. 棚改的“通州模式”——北京市通州区潞城镇棚户区改造案例剖析 [J]. 前线，2017 (5)：79－82.

③ 刘晓亮. 开发性金融支持棚户区改造的路径分析 [J]. 宏观经济管理，2015 (5)：37－40.

专项债券具有项目融资可选择性更加开放、债券发行期限更灵活、偿债资金来源更多样化、融资成本更低等特点①。张平、王楠通过实证研究发现，从全国来看，棚改专项债券融资成本较低，商业银行投资积极性较高，保险、证券、基金等金融机构也趋于成为其稳定的融资来源，从实例来看，可持续性发展近期表现较好，但从长期看依旧存在融资本息偿还缺口风险。② 上述研究表明，“堵偏门、开正门”，通过专项债券的形式推进棚改工作既可以规范地方政府融资行为，防止新增隐性债务，也可以为棚改工作带来长期资金。

第三，充分考虑原住民的需求，最大限度让利于民。在棚改推进过程中，很多原住民可能会因为一些原因抵触搬迁。比如，异地安置会带来通勤成本的上升；搬迁之后邻里关系需要重建；过渡期需要租房，增加支出；等等。这就需要充分调研原住民的需求，最大限度让利于民。近年来，在棚改工作中取得较好成绩的地区基本能够做到以人民的利益为核心。比如，辽宁省在棚改中充分坚持了确权于民，除原本就拥有房屋产权的给予确权以外，对 1949 年前所建的“双无”住房、有地照无房照等特殊情况，只要是家庭唯一住房的，都给予产权确认；辽宁省棚户区改造对特困居民都有相应的补助措施，暂时不能缴纳房款的，先安置在廉租住房里，居民获得原居住面积部分的住房产权，超出部分的产权等交齐房款后即可获得；等等③。再比如，包头市北梁棚改新区是原

① 许鹏. 棚户区改造专项债券的政策内涵、优劣性分析及政策建议 [J]. 中国地质大学学报（社会科学版），2019，19（1）：168 - 177.

② 张平，王楠. 地方政府棚改专项债券可持续性研究——基于全国首个棚改专项债的实证分析 [J]. 经济体制改革，2020（5）：113 - 119.

③ 卜鹏飞，倪鹏飞. 低收入住区土地运作模式研究——基于辽宁棚户区改造土地运作的经验 [J]. 经济社会体制比较，2012（5）：80 - 92.

棚户区低收入者的新生活空间，低收入家庭、低保家庭占多数。政府和社区关注边缘群体的利益，对有就业需求的居民提供技能和创业培训；召开专场劳务交流会和招聘会，为失业居民提供再就业服务；开展月嫂、保姆等市场需求量大的岗位技能培训；动态掌握失业人员基本情况、就业状况和就业意向，实现就业援助个性化管理和精准帮扶，使失业人员尽快实现再就业，提高低收入居民对城市社区新生活空间的适应能力①。上述地区的实践告诉我们，在棚户区更新改造过程中不能仅仅考虑建筑物的更新，还要统筹考虑原住民的就业、生活保障等一系列问题。

## 四、典型案例：南京小西湖片区②

### 1. 案例基本情况

小西湖，即大油坊巷历史风貌区，是南京 22 处历史风貌区之一。小西湖历史风貌区地处南京老城南核心区域，串接夫子庙与老门东历史街区，地理位置优越。小西湖是南京老城南地区为数不多较为完整地保留了明清风貌特征的历史地段之一。在经历多次自然与人为破坏后，进入 21 世纪的小西湖片区“沦落”为一个与现代城市发展存在落差及诸多违和的老旧棚户区。房屋年久失修、布局混乱、居住拥挤、阴暗潮湿，缺乏基础设施、公共广场、绿地公园等公共服务配套，历史建筑保

① 袁媛，张志敏. 城市社区生活共同体的空间建构——以包头市北梁棚改新区为例［J］. 新视野，2021（1）：98－104.

② 本小节内容参考了南京市规划和自然资源局（http://zrzy.jiangsu.gov.cn/nj/gtzx/zwxx/202210/t20221014_1318830.htm）与南京地方志编纂委员会办公室（http://dfz.nanjing.gov.cn/gzdt/202211/t20221129_3768679.html）对南京小西湖片区城市更新的介绍。

护情况也不容乐观。

2015 年，南京市原规划局会同秦淮区政府发起三所在宁高校研究生志愿者行动，探索小西湖街区保护与再生策略，经专家评审，确定由东南大学团队承担规划设计，南京历史城区保护建设集团（以下简称“历保集团”）负责项目实施。该地段面临风貌区保护与棚户区改造的双重任务。

小西湖历史风貌区坚持老城保护与城市更新有机结合，采用“小尺度、渐进式”更新方式，延续片区的生活功能，同时根据人流量融入新业态，彰显历史街区的当代价值。更新改造之后，小西湖片区的风貌得以改善，居民的生活水平得到提高。

2. 更新改造过程描述

小西湖的更新改造主要采用“小规模、渐进式”有机更新微改造的更新方式，更新主体为政府和居民。国有企业性质的历保集团在秦淮区政府领导下实施具体改造任务。

在房屋建筑方面，一部分房屋的产权被历保集团购买，居民搬迁，历保集团进行更新；另一部分房屋的产权仍归原居民个人所属，此时居民和历保集团各承担一部分的更新费用。小西湖具有优越的地理位置，历保集团将部分临街房屋进行完全改造，将其变为具有现代都市风格的商业店铺。而对于住有居民的房屋，主要是内部设施的改造以及外立面保持原有风格的更新。

在公共设施方面，小西湖片区新建了露天的体育活动中心，供居民体育锻炼，以提升居民的生活品质。在更新改造之前，居民反映最多的是水电管道问题，历保集团对此进行了全面的修缮，目前水电问题已完全解决，保障了居民基本的生活需求。

3. 当前的主要布局

当前的主要布局为居住区和商业店铺相结合。小西湖片区最重要的功能为满足居民的居住需求，改造后的小西湖在完善基础设施的同时还增加了休闲娱乐设施，极大地提升了居民的生活品质。

由于小西湖片区特殊的地理位置，人流量大，在此处进行商业店铺布局是合理的。商业店铺形式包括书店、餐馆、咖啡店等，此类商业店铺有效地吸引游客，同时为居民提供基础商业服务。引入特色业态品牌，包括文化类、休闲类、零售类、养老类等。

值得一提的是，小西湖片区存在一个个人提供的公益性质的共享花园。堆草巷 33 号是一个带院子的房屋，住户在院中种花种树。在改造过程中，该家住户不愿搬走，而其所处位置在小西湖片区的关键位置。因此，改造方案因地制宜，将其做成一个共享花园，供游客免费参观。一是对围墙及外立面的修缮装饰；二是对内部花园的布置。院落的围墙本来有 4 米多高，政府与住户进行协商，按照统一规格进行拆除重建，请杭州设计院规划，做成木质花孔围栏。院中有百年历史的石榴树和 60 年历史的枇杷树在改造过程中全部被保留下来。除围墙的费用由政府承担外，其他的改造费用及植物养护费用由住户来承担。该户居民为社区更新改造让渡出个人空间，是居民在更新改造过程中发挥主体性地位的表现。

4. 更新改造过程中的突破

小西湖片区在升级改造过程中遇到了若干难点，但南京历保集团通过不断地探索与创新，在很多方面取得了突破。

第一，通过“小规模、渐进式”有机更新微改造的更新方式对小西湖片区进行更新改造，保留了原有的风貌。2015 年南京市政府委托历保集团对小西湖进行改造，2021 年小西湖经过更新改造后正式对外开放。项目持续时间长的原因就在于小西湖的更新改造方式，以“院落和幢”为实施单位，根据每户居民的具体情况进行设计与执行。采用此策略的优势可以体现在三个方面：一是让居民态度有时间发生转变，居民从早期冷漠排斥到后期通过共商共建的方式实现了需求；二是以“院落和幢”为实施单位，对土地进行了整体有效利用，同时磨合出“共生院、共享院、平移安置房”等多具特色的改造形式；三是根据实际更新进程进行动态调整和纠偏，使得整体更新改造过程更加贴合实际。

第二，创新了资金来源渠道。小西湖片区的更新改造为城市生活区域的更新，其最终目的为满足居民的生活需求。更新改造的资金从何而来变为关键的问题。政府完全出资会带来财政压力，以利润为核心导向的社会资本进入会损毁居民的利益。由此，多方主体共同探索出一条“企业＋政府＋居民”的协同更新道路。在政府的领导下，历保集团承担更新改造任务，居民作为片区居住主体人群，承担部分责任，实现企业、政府和居民协同更新。改造资金一部分由政府拨款承担，另一部分特别是自住房屋的改造费用由住户承担。

5. 案例启示

通过对小西湖片区案例的剖析，该园区更新改造的过程给其他城市生活区域的改造带来了一些启示。

第一，在以居民的居住需求为核心的前提下，需要挖掘其他价值而且不能盲目扩张商业。在更新改造过程中，要满足居民的各类需求，如修缮基本的水电管道以满足居民的基本生活需求、建设公共区域以满足居民的休闲娱乐需求。如果过分挖掘商业价值，将会遭到原住民的强烈反对，阻碍更新进程。

第二，政企民相结合。在小西湖更新案例中，政府发挥引导作用，搭建多元合作平台；企业发挥主体作用，推进区域更新改造；居民参与更新改造，在满足居民多样需求的同时，解决部分资金问题。多元主体相结合推进小西湖历史街区的价值提升是该案例取得成功的关键。

第三，采用“小规模、渐进式”有机更新微改造的更新方式。小西湖更新改造过程自2015年开始，2021年对外开放，历时之久的原因在于充分征询居民意愿，根据每户居民的具体情况进行设计与执行。“小规模、渐进式”的更新方式实现了历史保护和居民生活功能的统一，精细化的方式引导小西湖区域走可持续发展之路。

## 五、典型案例：深圳华富北片区棚改项目①

### 1. 华富北片区更新改造基本情况

华富北片区位于深圳市福田区，始建于20世纪90年代。历经时间之长导致小区出现住房质量低、消防安全设施不足、设施功能落后等问题。同时，毗邻华富北片区的深圳市第二人民医院面临床位不足、业务用房紧张的问题，亟须通过腾挪周边用地进行改扩建升级。在此背景下，华富北片区棚改项目启动。华富北片区棚改项目采用“政府主导，国企实施”的模式，项目由人才安居集团旗下福田人才安居有限公司担任项目实施主体。

### 2. 难点与突破

该项目更新改造过程中最主要的难点在于签约难度大。华富北片区棚改项目占地规模约14.7公顷，涉及房屋共2851套，其中个人住宅房

① 陈国泳. 深圳棚户区改造实施路径探析——以华富北片区棚改项目为例[J]. 住宅与房地产，2022（27）：58－65.

屋2710套（间），涉及权利主体2300多户，同时存在法院、武警、学校等36家机关事业单位产权。权利主体和产权单位的数量之多造成了利益诉求的复杂性，成为华富北片区棚改项目的难题。为提高签约效率，地方政府在棚改中加强党的领导，旗帜鲜明地坚持党建引领项目实施，成立了六个临时党支部，充分发挥党员的先锋模范作用，积极为业主答疑解惑、讲解政策。在工作开展过程中，共计15个服务小组近200名工作人员参与签约动员工作。[①] 最终，华富北片区棚改项目从启动意愿征集到实现签约率98.78%，历时仅仅100天，是深圳棚改项目中速度最快的[②]，提升了棚改项目的效率。

3. 案例启示

第一，深圳市对棚改政策的完善，为棚改项目提供坚实的制度基础。2018年，深圳市政府出台《深圳市人民政府关于加强棚户区改造工作的实施意见》，该文件明确了棚户区改造的政策适用范围、补偿奖励标准、项目实施主体范围、新建住房用途等内容[③]。在此基础上，政府又相继制定了《深圳市人民政府关于棚户区改造工作职权调整的决定》[④]《深圳市住房和建设局关于规范棚户区改造项目增购面积价

---

① 参见：福田区华富北片区棚改签约正式启动 笔架山下将崛起国际化生态型新住区，http://www.sz.gov.cn/cn/xxgk/zfxxgj/gqdt/content/post_7880472.html。

② 参见：福田区华富街道2020年工作总结及2021年计划，http://www.sz.gov.cn/szzt2010/wgkzl/jggk/lsqkgk/content/post_8944434.html。

③ 参见：http://www.sz.gov.cn/gkmlpt/content/7/7786/post_7786618.html#749。

④ 参见：https://www.sz.gov.cn/zfgb/2019/gb1089/content/post_4996835.html。

格评估工作的通知》[①]《深圳市棚户区改造项目专项规划审批操作规则（试行）》[②] 以及《深圳市棚户区改造专项规划容积率核算规则（征求意见稿）》[③] 等 10 个文件，使得深圳棚改项目有坚实的制度基础。

第二，发挥党组织战斗堡垒的作用对于城市更新项目推进具有强大推动作用。为了在棚改这项重大民生工程中加强党的领导，旗帜鲜明地坚持党建引领，华富北片区棚改项目现场指挥部成立了临时党委，以"1+6"组织模式，下设 6 个党支部。项目临时党委充分发挥党组织战斗堡垒作用和党员在棚改项目中的先锋模范作用。

## 第四节　城市生活区域更新工作展望

城市生活区域更新是改善民生、促进城市发展的重要手段，对于城市建设、提升居民幸福感等具有重要意义。政策将城市生活区域更新分为老旧小区更新改造和棚户区改造两个范畴。当前，很多城市对老旧小区更新改造主要采用小规模改造，而对棚户区改造主要采用大规模改造。在城市更新过程中，应当为更好地满足人民日益增长的美好生活需要而努力。为此，做好城市生活区域更新工作，需要注意以下几个方面。

第一，生活区域更新改造需要以保证安全为第一前提。我国许多大城市主城区大规模城市建设工作始于 20 世纪 80 年代，不仅很多民用建

---

① 参见：https://zjj.sz.gov.cn/csml/zfbz/xxgk/zcfg/content/post_3713199.html。

② 参见：http://www.baoan.gov.cn/attachment/0/688/688422/7870203.pdf

③ 参见：http://zjj.sz.gov.cn/hdjl/myzj/topic/content/post_3665427.html。

筑都面临安全风险，而且很多地下管道也存在安全隐患。近年来，城市居民区煤气管道爆炸、路面塌陷等新闻报道屡见不鲜。因此，安全是居住的基础，在城市老旧小区更新改造工作中，既需要对既有建筑进行加固，也需要对小区地下管道进行更新改造。同时，要注重引入良好的物业管理以保障小区环境治安的良好。

第二，生活区域更新改造需保证基础设施完善。以停车场为例，随着时间的推移，城市居民家庭用车保有量不断上升，导致老旧生活区停车难问题较为严重，而且老旧小区内部道路设计对开车出行人群也不友好，影响了居民的生活品质。在更新改造过程中，应保证基础设施的完善。在数字经济时代，还需要注重安装 5G 基站、通信电缆、新能源汽车充电桩等新型基础设施。

第三，生活区域更新改造需要注重小区居住环境建设。随着生活质量的提高，居住环境的美观已成为居民的需求。部分棚改项目在保证“住得进”的同时没有顾及“住得好”，忽视小区环境营造。在接下来的更新改造过程中，应当对生活区域更新改造方案进行整体设计，让老百姓能够享受到优质的小区环境。当前，生态社区建设以及低碳社区建设已经成为城市建设的趋势，在项目改造之初应合理规划，促进生态低碳社区建设。

第四，生活区域更新应当注重适老化改造。随着人口老龄化持续，很多老旧生活区缺乏适老化设施，影响了老年人的生活品质。更新改造中，应加装电梯、建设无障碍通道等帮助老年人生活便利。同时，对老年人居住房屋内部进行适老化改造也应当作为生活区域更新改造的主要内容。

第五，需要创新手段筹集资金。城市生活区域很难通过经营产生较高收益，因此，需要坚持“谁受益、谁出资”的原则，推动原住民自主参与更新。同时，金融机构也需要创新融资手段，促使更多社会资本参与城市生活区域的更新。

# 第六章　城市办公楼宇更新

当一个城市逐步成为信息流、人流与资金流的中心，诸如金融机构、律所、会计师事务所和设计事务所等知识密集型服务业往往分布在市中心高档写字楼，此类行业具有高附加值、高人均产出和驱动创新的特征，这意味着楼宇经济逐步成为城市中心区域的主要经济表现形式。但是，很多城市的市中心区域由于规划建设年代较早，部分楼宇老旧失修且管理水平较低，这就需要对原有的商业办公环境进行改造升级，以适应高端生产服务业的需要。本章节将就城市办公楼宇的更新进行探讨。

## 第一节　办公楼宇发展演变的趋势

办公楼宇或者说写字楼是城市居民办公的物理空间。在改革开放之前，很多城市并没有专门化的办公楼宇，大部分办公室场所都是企业自建的办公楼。随着城市不断发展，很多专门的办公楼宇才开始出现。改革开放的步伐吸引了很多国际知名写字楼管理机构进入中国，提高了我国办公楼宇物业管理的水平。

### 一、企业单位选择办公楼宇时的考量因素

办公楼宇是为了满足办公的需求，入驻的企业单位会从自身业务角

度出发选择办公场所。一般情况下，其考虑因素有以下三个方面。

第一，办公楼宇所在的地段。办公楼宇所在的地段以及周边的各种配套会影响入驻企业的选择。在通勤交通方面，由于通勤条件会影响员工就业选择，企业单位会考虑自身员工上下班是否便利。单位员工会在工作日处理各项办公事务，因此，员工外出处理公务以及外单位人员来访是否便利也同样重要。在配套设施方面，企业单位要考虑员工的就餐、停车以及其他生活需求，所以办公楼内部以及周边的各种配套也是企业单位在选择办公地点时考虑的重要因素。

第二，办公楼宇的物业管理水平。办公楼宇的物业管理水平直接关系到入驻企业的形象，高端优质的物业管理会提高入驻企业的形象，进而给企业带来形象溢价。同时，办公楼宇的物业管理水平也直接关系到企业员工的满意度，在优雅干净的环境中工作，会潜移默化地提升员工的工作效率和愉悦程度，有利于员工的身心健康。

第三，办公区域的租金。价格是经济学的核心命题，引导着各项经济活动的运行，而租金正是办公楼宇经济的运行指引。优质高端的办公楼宇，租金高企，从而可以负担更优质的物业服务。相对的，较为低端的办公楼宇，较低的租金会带来较为劣质的物业服务。在价格这只无形的手的调节之下，企业会根据租金情况选择适合自己的最佳办公地。

## 二、我国办公楼宇发展历程

我国办公楼宇的发展经历过多个阶段，这个演进过程与我国国企业改革进程相关，也与改革开放之后大量外资企业进入中国有关。总体说来，我国办公楼宇的发展经历过以下五个阶段。

第一阶段：满足于基本办公需求阶段。中华人民共和国成立之初到改革开放初期，国有企业是我国市场经济中的主体，很多国有企业一般都是自建办公楼宇，满足自身企业经营办公的需要，大量的生产型企业在厂区自建办公楼，而商业企业则在城市商业区域建设办公楼。由于办公楼宇以企业自建为主，在设计、建造等方面基本无统一规划，甚至出现同一条马路沿线的楼宇形态迥异的情况。在物业管理方面，企业自建的办公楼宇只服务自身的办公需求，该阶段并无物业管理的明确概念，且往往是公司内部安排员工进行卫生清理和保安服务。因此，城市中大量企业的自建办公楼成为城市更新工作的主要对象。

第二阶段：商业办公楼宇起步发展阶段。随着我国城市建设不断提档升级，尤其是改革开放以来，我国商业办公楼宇建设开始起步。国内较大的城市在推动城市建设过程中，热衷于规划建设 CBD，促进商业办公楼宇在市中心集中。由此，一些资金实力较强的机构根据城市规划的要求，高标准建设办公楼宇，诸如一些国有金融机构、国企总部都在市中心集聚。同时，伴随着房地产市场不断火热，一些商业房地产领域的企业也会在城市建设过程中建设办公楼宇，通过出租或者出售等方式为诸多企业提供办公空间。但是，此阶段办公楼一般只是为商业活动提供办公空间，物业管理、招商运营等环节都没有得到重视。

第三阶段：商业办公楼宇物业管理规范化阶段。我国系统化的物业管理概念和体系的出现，以 20 世纪末五大物业管理行业进入内地为标志。该阶段，国际先进物业管理经验和内地的实际情况呈现融合状态，五大办公楼物业管理公司在国内的经营经历了摸索和适应的过程。不仅如此，国内酒店行业逐渐开始涉足办公楼的物业管理，诞生了一些优秀的管理案例。同时，以商业地产开发为主的房地产企业也纷纷开始进入办公楼管理领域，我国各大城市办公楼的物业管理水平不断提升。

第四阶段：办公楼宇物业管理智慧化阶段。随着信息技术不断发展，数字化手段在办公楼的管理中发挥着越来越重要的作用，诸多办公楼向“智慧楼宇”华丽转身。当前，数字技术在办公楼物业管理中的作用呈现出以下趋势：第一，通过数字孪生实现办公楼相关管理环节的数字化形式呈现，从而提高管理效率，降低管理成本；第二，通过楼宇各个信息系统之间的交互，实现不同管理条线的协作，让物业管理者、供应商以及其他与物业管理有关的部门协同办公，提升效率；第三，数字技术以及人工智能算法可以使物业管理更加人性化，即在大数据的赋能下，楼宇各系统和物业管理部门可以根据办公楼内人群的需求，对餐饮、电梯、门禁等服务设施进行更有效的调配。

第五阶段：办公楼宇管理进入微社区构建阶段。随着城市人口的聚集和入驻企业的丰富，办公楼宇不再局限于纯粹的商务办公功能，其与其他经济社会活动的联系日益密切。办公楼宇，尤其是针对初创企业的楼宇，入驻企业丰富，员工素质较高，同时企业间沟通交流的属性逐步增强，办公楼宇逐渐成为所谓的“竖立起来的社区”。在该阶段，办公楼宇往往会承担社交活动、商务分享活动等职能，楼宇的物业管理者也往往会主动打造社区文化的氛围。

## 三、当前办公楼宇发展的新模式

当前，酒店、交通枢纽、商场等正在与办公楼进行融合，使得办公楼宇的发展演化出多种模式，诸如酒店办公综合体、消费办公综合体和交通办公综合体等。

酒店办公综合体即在办公楼内部或者与办公楼邻近的楼宇引入酒

店，从而方便异地来访商务人群开展商务活动。近年来，酒店管理行业在物业管理方面的优势愈发凸显，同时接管办公物业也成了其业务内容。酒店办公综合体存在以下几方面的优势：一是酒店行业本身就是劳动密集型行业，其从业人员较多并且擅长与商务人士沟通，通过在相邻建筑物同时管理办公楼，可以共享管理团队、硬件设施、后厨等，为酒店管理者带来规模效应；二是酒店管理者往往能够提供更为高端的物业服务，能够提升办公楼的物业水平，有助于入驻企业提高自身形象；三是许多企业经常与外地客户有商务往来，到访的客人可以在公司附近入住休息，能够提高商务沟通的效率。以南京金陵饭店亚太商务楼为例，其中部分楼层用于酒店客房经营，部分楼层出租给企业办公，这样的楼层分布使得办公楼层出租率较高。

消费办公综合体是指将办公楼与商业、餐饮和文娱等功能进行组合，形成“下商场、上办公”的格局，该类综合体目前在国内大城市已经有诸多案例。消费办公综合体的优势在于：一方面，办公人员可以为商业设施带来消费，达到自然引流的效果；另一方面，消费区域也为办公人员提供了餐饮、娱乐等便利服务，一些商务宴请或者健身休闲活动可以“下楼就办”，大大节省了商务人群的时间。以上海和香港国际金融中心（IFC）为例，在其建筑群中既有办公楼宇也有高端商场，能够满足商务人群一站式需求。

交通办公综合体是近年来兴起的一种新模式，即在核心交通枢纽处搭建办公综合体，一般是城市中人流量较大的地铁站。该类综合体因为交通优势而受到青睐，较为典型的是上海港汇恒隆广场和南京新街口商圈，前者坐落于上海大型地铁站徐家汇站上，后者处在亚洲最大的地铁站新街口站之上。

# 第二节　办公楼宇更新的主要内容及难点

## 一、办公楼宇更新的意义

推动城市办公楼宇更新对于城市发展具有重要意义。一方面，办公楼宇更新能够提升城市形象。城市各类服务业的重要特征之一是高集聚性，各类主要商务活动均在办公楼宇进行。因此，办公楼宇往往能够影响外地居民对城市的第一印象。长期以来，很多城市主城区的办公楼宇装修老化、物业管理不到位、配套设施落后等问题影响了商务人群的主观感受。因此，需要通过办公楼宇更新提升城市形象。另一方面，办公楼宇更新能够防止主城区空心化。由于很多高端服务业企业往往对办公环境具有较高的需求，城市中新城区规划建设的办公楼宇由于办公环境优越、交通通达性良好等特点，吸引了很多旧城区的企业搬迁至新城区，而旧城区的办公楼宇不论是租金还是税收都开始下降。因此，推动办公楼宇更新改造将有助于防止主城空心化，提升主城区的活力。

## 二、办公楼宇更新的主要内容

城市中办公楼宇的更新主要包含三个方面，分别是建筑物本身的更新、管理模式更新以及业态更新。这三个方面的更新并不是孤立的，存在相互依存、相互促进的关系。建筑物更新是实现管理模式更新以及引进新业态的前提，而新的管理模式也会对建筑物更新提出更多的要求。所以，在城市办公楼宇更新改造的过程中，要根据未来的主要业态以及管理方的需求，综合制订更新改造计划。

第一，建筑物更新是实现城市办公楼功能提升的前提。很多城市都是先发展市中心再发展城市近郊，这使得几乎所有城市的市中心开发建设年代均较早，各类办公楼宇的建设年代也较早，主城区办公楼的基本功能已经跟不上时代发展的要求。一些学者将这些城市高速发展阶段留下的带有明显粗放式发展特征的建筑称为“边缘建筑”①。当前，老旧办公楼硬件方面存在的不足主要包含以下几个方面：电梯容量不足、停车位不足、层高不足、信息化智能化设施不足以及公共活动空间较少等。在电梯方面，现代人快节奏的工作使得大家对电梯运营效率有了更高的要求，很多办公楼宇的电梯运行速度慢、缺乏智能化控制设备，极大地影响了入驻单位的办公效率，这就需要对电梯设备进行更换。随着时代的发展，城市汽车保有量越来越大，很多办公楼宇的员工会选择开车上下班，除此之外，还需要给前来从事商务交流活动的客户提供停车位，而老旧办公楼在停车位供给方面存在严重不足，这使得很多单位放弃入驻市中心老旧的办公楼。由于建筑设计标准的时代局限性，很多老旧办公楼的层高也是影响入驻员工舒适度的因素，这就需要对内部装饰进行更新改造。

如果说上述更新改造可以采用对办公楼宇进行基建施工的方式，那么楼宇信息化智能化设施与公共空间的更新改造则需要充分根据办公楼宇的入驻人群进行设计。例如，办公楼宇监控安防设备的安装需要根据入驻单位的要求进行合理布局；办公楼宇需要根据入驻单位员工的要求决定是否设立公共食堂、便利超市、共享会议室等公共设施。

---

① 张靓，陈国华.“边缘建筑”的价值重现——上海绿城黄浦8号写字楼改造实录[J].新建筑，2017（5）：66-70.

第二，办公楼宇管理模式更新。办公楼宇的管理模式更新是实现城市中办公楼效益提升的重要方式，管理模式更新包含管理主体与运营模式两个方面的更新。城市中大部分老旧办公楼都存在物业管理主体水平低、不能满足入驻单位要求的现象。这不仅与物业管理成本有关，也与一些利益纠葛有关，甚至有些办公楼宇在清退原有物业时遭到了抵制。如果要推动办公楼宇管理模式更新，需要引入高质量的物业管理者，这就需要产权持有方能够通过市场化手段客观选择物业管理公司。运营模式更新主要指采取出售或租赁的方式对办公楼进行运营，如果从资金回笼的角度看，很多开发商会采取分割出售的方式运营办公楼，但是这也会带来经营管理上的不便。业界普遍认为，“只租不售”模式能够更好地对办公楼进行统一管理并提高物业管理质量，但是会占用开发商更多的资金。因此，如何通过创新模式让产权人能够兼顾“现金流”的同时愿意长期持有物业是办公楼宇更新改造过程中值得研究的问题。

第三，办公楼宇业态更新。所谓办公楼宇业态更新，主要是指对入驻办公楼的单位进行识别，根据城市产业结构变迁的规律，选择最适合入驻办公楼的企业类型。城市中诸多楼宇为了短期内获得租金而选择的业态并不能够促进办公楼宇整体效益最大化，甚至还带来一些负面影响。例如，有的办公楼为了提高出租率，将办公场地出租给企业单位做仓库，不仅租金低而且有安全隐患；有的办公楼宇在招商过程中不注意甄别，吸引了民间借贷企业入驻；等等。因此，在城市办公楼更新改造过程中，需要对入驻楼宇的业态进行合理甄别，还需要根据规划引入能够互相支撑、互动发展的业态。

## 三、办公楼宇更新改造过程中的难点

城市中老旧办公楼的更新改造主要面临三个方面的困难：一是资金筹集困难；二是产权分散增加了协调成本；三是难以营造楼宇中的社区氛围。

老旧办公楼面临资金筹集困难其实就是谁出钱改造的问题。一般而言，根据“谁受益、谁出钱”的原则，改造资金应该由产权所有人承担，但是老旧办公楼宇更新不仅需要大量的资金，而且原经营单位因为不具备相关不动产运营的专业知识，即使有足够的资金投入办公楼宇的更新改造，也很难保证合理的投资回报率。为此，需要适时适度引入社会资本，一方面发挥社会资本的撬动作用，另一方面也需要社会资本进行专业化升级改造，盘活存量资产。

老旧办公楼在更新过程中存在的另一个挑战就是如何应对产权分散问题。在旧城区办公楼宇的发展过程中，很多开发商出于资金回笼的考虑会对办公楼进行分割出售，部分房间和楼层被出售后就导致同一栋大楼出现多个产权主体，很难协调以统一改造。为此，可以采取主要产权持有方回购剩余产权的方式，促进办公楼宇的更新改造。如果产权方不愿出售资产，可以采取折价为其装修改造的方式以提升其参与改造意愿，降低沟通难度。

第三个困难是老旧办公楼内部社区氛围难以营造。新建的办公楼往往在业态引入方面都进行过筛选，有的楼宇注重业务相近单位入驻，有的楼宇注重为办公人群提供较为丰富的配套服务，以上措施都会使得办公楼宇内部形成了较为融洽的社区氛围。但是，老旧办公楼宇往往业态较为混乱且公共空间不足，很难形成入驻单位之间的良性互动。

# 第三节　案例分析

## 一、南京九龙大厦更新改造案例①

1. 案例简介

南京九龙大厦位于南京市秦淮区太平南路，秦淮区是南京老城区之一，许多建筑年代较为久远，老旧办公楼宇更新改造任务较重。其中，九龙大厦通过更新改造已经从破旧的商办混合楼被改造为“锦创金融科技产业园”。在九龙大厦案例中，政府通过引入社会资本进行老旧楼宇的升级，包括产业升级和硬件设施升级。另外，九龙大厦通过第三方企业进行楼宇的物业管理，通过提高物业服务水平来吸引新业态的进入，同时促进企业之间的联动发展，推动产业集群的形成。政府在更新过程中发挥鼓励和引导作用，在财政资金、税收优惠等方面给予大力支持。

2. 原来的面貌

商场前身为九龙湖布庄，由民国时期企业家陈祖望先生于 1946 年创建，1955 年改为九龙绸布店，1994 年在原址扩建为九龙大厦，1996 年开业。九龙大厦一楼区域和二楼区域均为九龙天地商场，集中售卖中老年服饰，服饰价格低廉、款式落后，店员专业度低、无服务热情。同时，商场的面积与大商场相比较小，商场整体陈设老旧，硬件设施一般。以上情况导致商场人流量小，百分之四十的商户已经迁出，剩余

① 本案例的基本情况由作者根据实地调研情况整理获得。

商户都在清仓处理商品。九龙大厦三至十三层为办公楼，由于缺乏高水平的物业管理，没有吸引到具有一定规模的企业入驻。

3. 实施改造的具体方式

九龙大厦属于南京市秦淮区国有资产，因原经营单位难以负担改造升级费用，所以引入社会资本参与改造运营。南京九龙大厦有限公司将三至十三层全部整租给锦创科技股份有限公司，锦创科技股份有限公司对建筑外立面、经营业态、周边环境等全面改造升级，引入了锦创科技、华夏保险、君康人寿、索尼、便利蜂等企业，形成九龙·锦创金融科技产业园。

在产权方面，整幢大楼均属于南京九龙大厦有限公司，因此在更新改造过程中不存在因为产权权属不清而难以推动的现象。参与更新改造的锦创科技股份有限公司承租三至十三层从而获得使用权。目前，九龙大厦有限公司的上级主管单位要求关闭一、二层商场，重新进行招商，提高单位面积的利用率，促进税收提高。

4. 案例小结

南京九龙大厦虽然建设年代较为久远，但是其区位条件较好。九龙大厦位于太平南路核心地段，邻近繁华的新街口商业区，距离常府街地铁站步行时间在五分钟之内。良好的区位优势使得社会资本参与更新改造的意愿较强。锦创科技股份有限公司负责办公楼基础设施的日常修理和维护，引入了金融类与科技类企业，有助于更好地发挥协同效应。但是，由于锦创科技股份有限公司在办公楼领域的运营经验不足，物业服务方面依然出现保安工作态度差、闲杂人等通过老旧电梯自由上下楼等问题。

## 二、上海世界贸易大厦更新改造案例[①]

1. 案例简介

在上海世界贸易大厦案例中，上海城市发展集团收购上海世界贸易大厦，同时邀请以梁景华为代表的多位国际知名设计师，对原址进行设计改造和软硬件装修升级，上海世界贸易大厦因此也实现了从乙级写字楼到5A级写字楼的转变。上海城市发展集团积极委托戴德梁行进行招租工作，成功吸引了诸如清华大学五道口金融学院等众多优质租户，改造后出租率较改造前提升近一半，租金水平也随之上涨。

2. 原来的面貌

上海世界贸易大厦建于1997年，由Morgan Stanley和上海国盛投资，项目总面积6.8万平方米。大厦位于黄浦区广东路500号，地理位置优越——东临外滩、西接人民广场、北靠南京路步行街、南临延安高架路，与陆家嘴金融中心隔江相望，是人民广场、外滩区域重要建筑。但是在上海城市发展集团收购上海世界贸易大厦（2015年完成收购）之前，近20年的使用年限带来诸多问题，比如设备老化严重、能耗较高、建筑失修情况较为严重等。另外，落后的管理和出租模式也导致产权不清、租户分散和单位租金较低等问题。

3. 实施改造的具体方式

针对外观落后于时代的问题，设计团队使用全落地玻璃幕墙，同时推倒外围矮墙，扩大大厦的开放空间，使之更好地融入周围环境，从而

---

① 本段内容整理自：《城市更新案例 | 盘活低效存量资产-上海世界贸易大厦》，原载于 https://mp.weixin.qq.com/s/eF_Bsowl1Qq035u40j6Stg。

体现新时代的开放性。

针对室内设施老旧和布局不合理的问题，设计师团队大胆增加大厦的层高，搭配全落地窗设计，以更开阔的空间、更明亮的视野和更好的采光服务租户，同时大范围升级电梯、空调等基础设施，在提高运作效率和增加舒适度的同时减少大厦能耗，比如高峰时期电梯等待时间被优化为2分钟左右。上海世界贸易大厦积极拥抱现代科技，增加大楼的智能化程度，新增自动控制系统、结构化综合布线系统、红外微波双道系统、共用天线系统、灯光控制系统、24小时可调控中央空调系统、智能化访客系统和电梯运行自动监察系统。同时，每层均设置公共茶水间等必要的服务设施，优化内部行走空间布局，体现人性化。

针对大厦层级功能不清、商业区和办公区杂糅的问题，新团队力图做到层级分明，过渡适当。大厦的第一、二层发挥纯商业功能；三到六层引入商业培训机构、联合办公业态，以体现层级之间的过渡性；七到三十七层为纯办公楼层，往上为顶部景观层，打造高端企业总部与会所，同时设置屋顶直升机停机坪以满足高端商务人士出行需求。

4. 案例小结

为破解办公楼产权分散的难题，上海城市发展集团直接谈判收购Morgan Stanley和上海国盛的初始产权，剩余的分散小产权方面，以地产基金形式收购小业主持有的物业。同时，上海城市发展集团委托戴德梁行进行招租和管理工作，充分赋能专业地产行。

在业态更新方面，在原有ABS美国船级社、普蕊斯（上海）、摩芮斯、国网英大、中国电力等优质企业基础之上，新引进阿里巴巴、小赢科技、WEWORK、清华五道口等优质企业和项目，大楼整体品质实现提升，租金价格实现翻倍。

上海世界贸易大厦的改造升级，积极契合绿色低碳发展主题，积极践行国家低碳环保相关政策，以科技赋能低碳，以人文赋能环保。该项目在更新改造后获得美国绿色建筑协会低碳绿色写字楼 Leed 铂金级认证等诸多国内外环保主题奖项。

## 三、北京弘源首著大厦更新改造案例①

### 1. 案例简介

在北京弘源首著大厦（原数字传媒大厦）更新改造的案例中，弘毅投资和北京知名设计公司墨臣进行合作，将这座位于海淀上地区域的数字传媒大厦进行了内外翻新和一体化改造，使之更加符合现代审美和节奏。同时，鉴于海淀上地区域聚集了大量科技创新产业和高校，科创氛围较好，此次更新改造是为了引进更多高科技企业，迎接更多的发展机遇。值得一提的是，为了在改造期间不影响大厦的正常租赁活动和最大程度上保证环境质量，委托方和设计方进行了多轮策划和预案。

### 2. 原来的面貌

弘源首著大厦的前身数字传媒大厦位于海淀区上地信息路 7 号，南距北五环路约 3 公里，地处核心路段，于 2000 年正式对外开放招租。长时间的使用和落后的设计，使得大楼较为陈旧破乱。具体而言，建筑外部老旧过时，没有辨识度；建筑内部昏暗封闭，光线遮挡严重，视野较差；租赁空间分散，缺乏统筹规划，功能空间也较为单一。此外，人性化设计和现代化感官的不足，也在一定程度上使得数字传媒大厦逐渐失去了吸引力和市场竞争力。

① 墨臣. 破旧立新，传统写字楼的靓丽变身 [J]. 设计，2018 (24)：50 - 53.

3. 实施改造的具体方式

弘源首著大厦由弘毅投资与北京墨臣建筑设计事务所共同实施，墨臣公司坚持要创造一个充满活力、具有律动感，且能与信息技术类产业相迎合的办公空间。因此，该项目用图像方格的语言——“数码像素”诠释项目的时尚性格，即“以每层不同的色块来增强空间的层次感，依靠色阶的变化，提升建筑内部空间的辨识度，黄、绿、蓝、青等明亮鲜艳的色块，共同组成一幅明快活泼的精彩图像”。

针对外观老旧落后的问题，建筑外立面整体利用方格玻璃幕墙形式铺贴，以不同材料的搭配，体现现代办公楼形象。

针对内部采光不足的问题，设计师将原来封闭的中庭屋顶全面打开，以玻璃屋顶的形式引入阳光，为大楼提供充足的视野；针对内部设计感较差的问题，设计师将中国传统园林文化里的“汀步”设计理念运用其中，用方砖作汀步，用石子代替流水，从而与上文提及的“数码像素”方案相契合，实现古今的对话。针对原来租赁空间分散、不适应现代企业需求的问题，设计团队大胆进行重新统筹规划，为企业提供诸如大平层等多项选择和方案。

针对功能性空间较差和底层空间浪费严重的问题，设计师将底层改造为商业区，引入餐厅、银行、便利店和高端商铺等，既实现了地块功能的合理运用，又增强了楼内租客的便利性，同时还提升了大楼对外的沟通互动程度。

4. 案例小结①

弘源首著大厦更新改造后，受到贝壳、滴滴、作业帮等多家独角兽

① 摘自：《弘源·首著大厦：上地焦点·科创云集，引领“独角兽”发展之路》，https://caijing.chinadaily.com.cn/a/202105/27/WS60af61bea3101e7ce9752076.html。

企业青睐，并获海淀区政府的充分肯定，成为中关村区域标杆项目。事实上，在更新改造过程中，弘毅投资作为国内知名创投机构，其金融支持能力对引进新业态提供了有力的支撑。

## 四、上海埃力生国际大厦更新改造案例①

1. 案例简介

在上海黄浦江两岸规划的推动下，“边缘建筑”埃力生国际大厦的处理方式存在争议。主张拆除的一方认为改造成本过大，施工难度过高。主张改造的一方认为盲目拆除会使得城市文脉断层，不利于城市文化的延续。最终，在现实的考量下（主要是容积率考虑，目前上海新建建筑容积率须在 4 以下，而埃力生国际大厦是 7.2），原址更新改造的议案得以通过，项目由上海绿恒公司接手②。

2. 原来的面貌

埃力生国际大厦建成于 2003 年，位于十六铺地区人民路和福佑路交叉口。随着上海黄浦江两岸规划的推进，其铝板和带形窗组成的建筑形象与外滩的形象逐渐脱离。埃力生国际大厦是 15 层的板式高楼，由主楼、裙房和顶部部分退台三块构成，整体而言，建筑组合凌乱，缺乏逻辑性和连贯性。

3. 实施改造的具体方式

针对原建筑逻辑性和连贯性较差的问题，设计团队和建筑团队积极

---

① 张靓，陈国华.“边缘建筑”的价值重现——上海绿城黄浦 8 号写字楼改造实录 [J]. 新建筑，2017 (5)：66 - 70.

② 改造目标为：在不改变建筑使用性质和主要规划控制指标的前提下，全面提升建筑配置，使之满足高档甲级写字楼的标准，适应南外滩国际金融聚集区规划的需要，同时对建筑形体和内部功能进行改造，使其成为南外滩的标志性建筑之一，为周边城市景观的提升做出贡献。

进行局部调整。具体而言，取消裙房并将该部分空间回填到五层以上及顶部，同时在顶楼以屋顶花园的形式增加绿化面积，很好地避免了裙房对街道的压迫感。此外，团队还以街面幕墙的设计提升建筑物整体形象。

针对原建筑不同方向的不同特征，设计团队因地制宜。建筑的西面和南面为老旧居民楼，团队采用了石材幕墙加点窗系统使得西和南两个立面玻墙比控制在40%以内；建筑的东面和北面为景观极为出色的黄浦江和古城公园，团队采用了以玻璃幕墙为主的单元式幕墙系统，并对玻璃进行了严格筛选以防控光污染和火灾等情况。

针对建筑内部的诸如空间局促和设备老化等问题，相关团队将原大堂一层和二层打通，形成挑空大堂空间，缓解室内局促感，同时搭载最新的机电系统和数量充足的货运、客运电梯。点睛之笔是，设计团队重新排列和设计了办公空间布局，即将原来南侧看到棚户区、北侧看到黄浦江景观的办公单元，全部打造成拥有沿江景观面的开阔办公空间，进而提升整体办公氛围。

4. 案例小结

整体而言，从埃力生国际大厦到黄浦8号的转变无疑是成功的，但是也存在一些遗憾，比如原埃力生国际大厦的空间和用地问题导致现黄浦8号的车位仅为35个，与其甲级写字楼定位不符，尽管后期通过附近的公共停车场弥补，也无法满足入驻企业的需求。再比如一些机房等精密地带无法改造，束缚了设计团队的应有发挥。当然，整体的更新改造过程离不开上海市就事论事、专家论证和弹性管理的城市管理风格的支持，这说明地方政府在城市更新中的作用往往是巨大的。

## 第四节　促进办公楼宇更新工作的政策建议

商务楼宇目前已经成为企业存在的核心载体。但是，低效楼宇达不到国内外高端客户对办公物业的要求，只能供应低端产业的入驻，导致建筑的使用效率低下。低端产业的入驻造成了租金的下行，严重损害了所有者的经济利益。同时，老旧楼宇破旧的外立面与周围环境的整体风貌格格不入，对区域的发展起到消极作用。办公区域的更新实则是业态的更新，随着经济的不断发展，业态的更新是城市发展的必然趋势。通过本章的分析与案例梳理，本书认为做好城市办公楼宇更新改造工作，需要在以下四个方面发力。

第一，应当通过多种渠道筹集改造资金。相比建设楼宇再出售的经营模式，对商业楼宇更新改造在短期内获得的回报较少，因此，很多社会资本并不愿意介入商业楼宇更新改造工作。不仅如此，一些办公楼宇分散的产权引致的沟通协调成本更是令很多社会资本望而却步。因此，在办公楼宇更新改造过程中，可以创新引入社会资本的方式。一是可以通过整体出让经营权吸引社会资本介入；二是可以联合办公楼宇产权所有人设立更新改造基金，从而突破产权分散带来的阻碍；三是引入金融机构共同参与更新改造工作。

第二，要吸引管理能力突出的物业公司。上述案例表明，即使对办公楼宇进行了硬件方面的更新改造，如果管理水平跟不上，也依然会导致大楼运行中产生各种混乱的现象。事实上，办公楼宇的运营是一个非常专业的工作，不仅仅是提供门卫服务，还包含了招商、接待、大楼公共服务供给等多项专业的工作。办公楼宇良好的物业管理团队可以吸引更多优质业态入驻，从而提高整幢楼宇的价值。

第三，良好的外部交通条件能够促进老旧办公楼宇改造。上述案例表明，区位条件好的办公楼宇更加容易吸引社会资本参与改造，因为公共交通设施与配套商业设施能够提高办公楼宇的租金。因此，地方政府相关的管理部门应当充分重视办公楼宇周边的基础设施建设，通过基础设施建设吸引更多社会资本参与老旧办公楼宇的改造。我国很多大城市的老城区交通拥堵严重，这就更需要在老旧城区加大对交通基础设施的投入，促进办公楼宇更新工作的顺利开展。

第四，政府部门应该在办公楼宇更新改造过程中发挥协调作用。办公楼宇更新是一个动态过程，随着时间转移，很多楼盘不仅硬件条件会老化，其业态也可能跟不上经济形势的变化。为了提升城市中商业区的价值，也为了提升经济发展水平与税收收入，政府部门应当在办公楼宇更新改造过程中更好地发挥协调作用。例如，政府部门可以通过税收优惠的方式吸引更多社会资本参与办公楼宇更新改造，也可以通过招商引资方面的优惠条件鼓励办公楼宇运营方吸引优质业态入驻，等等。

# 第七章　工业企业原址更新改造

随着我国城市经济进入城市群与都市圈时代，城市之间及城市内部交通体系的日趋完善会促使工业生产在都市圈内部重新布局，制造业等生产性企业通常分布在都市圈里的中小城市，而大城市的都市区往往成为企业的研发基地与总部基地，或者直接用来发展第三产业。于是，很多工业企业在主城区的原址成为城市更新的主要对象。城市中的工业企业原址更新改造意味着不能够简单搞大拆大建，甚至不能够破坏工业遗址，这使得实施工业企业原址更新行动面临挑战。本章将以沿海部分城市工业企业原址更新事实为案例，对城市中工业区域更新改造的要点难点进行剖析。

## 第一节　工业企业原址更新改造的背景

关于城市中工业企业原址升级改造的相关话题获得了理论界、实业界以及政策界的广泛关注，本节将从不同角度分别阐述其相关背景。

### 一、理论背景

学术界对工业企业原址升级改造已经做了较多的总结与研究。李冬生、陈秉钊以杨浦区从“工业杨浦”到“知识杨浦”的发展演变过程为例，指出更新开发老工业区需要完善城区功能，避免住宅导向。[①] 蒋慧、王慧在探讨城市创意产业园的规划建设及运作机制时指出，可以改造旧厂房、旧工业区内的基础设施，廉价租赁给艺术家作为工作室以吸引艺术家聚集，从而推动创意产业园的文化艺术氛围建设，比如北京789艺术区和上海四行创意仓库。[②] 刘伯英、李匡以北京工业建筑遗产为例，指出保护工业建筑遗产的第一目标是“保留城市历史记忆，丰富人文北京内涵”，认为要综合“片区”和“单体”两个层次对工业遗址进行分级保护。[③] 李和平等从价值评价的角度出发，认为价值误区造成了工业遗产流失，并为此建立了定性和定量价值评价体系，给出了工业遗产的梯度保护方法。[④] 刘伯英、李匡在回顾首钢工业区历史沿革的过程中指出，首钢工业遗产具备城市建设、行业发展和技术研发等价值，并以划定保护区、确定保护名录和保护等级的方式实现首钢的全方位复兴。[⑤] 徐青研究发现，在市场化改革逐渐深化的今天，单纯依靠政府收购模式实现工业用地退出的道路已难以为继，退出模式需要创新，应采用多元化的退出模式。自主改造模式、创意产业模式、公私合营模式、政府收购模式各有侧重点，工业用地退化过程中可针对不同的矛盾采取

---

① 李冬生，陈秉钊. 上海市杨浦老工业区工业用地更新对策——从“工业杨浦”到“知识杨浦”[J]. 城市规划学刊，2005（1）：44－50.

② 蒋慧，王慧. 城市创意产业园的规划建设及运作机制探讨［J］. 城市发展研究，2008（2）：6－12.

③ 刘伯英，李匡. 北京工业建筑遗产保护与再利用体系研究［J］. 建筑学报，2010（12）：1－6.

④ 李和平，郑圣峰，张毅. 重庆工业遗产的价值评价与保护利用梯度研究［J］. 建筑学报，2012（1）：24－29.

⑤ 刘伯英，李匡. 首钢工业遗产保护规划与改造设计［J］. 建筑学报，2012（1）：30－35.

不同的解决策略。[①] 唐婧娴在比较广州、深圳、佛山三地城市更新制度时，介绍了佛山改造工业用地的“以土地政策补贴企业”的做法，即政府直接运作土地一级市场，将低效产能的三类工业用地改变为一类工业用地，从而以产业发展带动税收和就业。[②] 薄宏涛鼓励公共空间及场所精神的再造。在更新设计中应强化公共空间的塑造，强调公共空间在既有城市肌理基础上的拓展和替身，维系熟人社会的在地记忆；强调公共空间的开放性，避免为引入新型产业做出过度承诺导致公共空间被私据。同时，他建议清晰认识工业遗存更新的区域位置以及区域的产业需求，寻求与区域地段相适应的更新产业，摒弃以短线盈利为产业导向目标的开发思维。[③] 孙淼、李振宇以长三角 7 个城市的 316 处工业遗存地及其相邻区域为对象，分析工业遗存地的用地特征及特征形成原因，提出以街区为范围编制更新规划方案的建议，主张将工业遗存地及其相邻城区看作整体，厘清关系、统筹规划、重整空间，以实现区域利益最大化[④]。刘昱晓提出，在城市建设过程中，有许多历史因素依托于各类建筑而存在，随着现代的工业革新以及城市升级，不应该对这些文化依托进行破坏和拆除，而应该在此基础上进行改革升级以使得此类文化依托建筑能够更好地符合当前时代下的新要求。[⑤] 蓝毕玮通过解读存量更新

---

① 徐青. 城市中心区工业用地退出机制研究［D］. 南京：南京农业大学，2014.

② 唐婧娴. 城市更新治理模式政策利弊及原因分析——基于广州、深圳、佛山三地城市更新制度的比较［J］. 规划师，2016，32（5）：47－53.

③ 薄宏涛. 存量时代下工业遗存更新策略研究［D］. 南京：东南大学，2019.

④ 孙淼，李振宇. 中心城区工业遗存地用地特征与更新设计策略研究——以长三角 7 个城市为例［J］. 城市规划学刊，2019（5）：92－101.

⑤ 刘昱晓. 城市更新中工业遗存再利用方法探析［J］. 大众标准化，2021（13）：210－212.

与工业遗存的相关基础理论研究成果，解析存量更新背景下城市工业遗存的资源属性、意义以及二者之间的相互关系，并对中外工业遗存更新案例进行了对比剖析，总结了城市工业遗存的多种保护利用模式。①

上述研究对工业旧址区域的城市更新做了较为全面的研究，从遗址保护、产业导入以及公共空间营造等角度展开了研究。总的来说，很多针对工业旧址更新的研究都持有以下观点：第一，工业遗址能够承载城市记忆，在城市更新过程中应当给予适当保护；第二，工业旧址的升级改造关键在于引入新的产业；第三，在工业旧址升级改造过程中要处理好盈利模式与公共利益之间的关系。

## 二、现实背景

中华人民共和国成立之后，我国在一穷二白的基础上开始工业体系的建设。在党的领导与全国人民的努力下，我国通过在若干个工业城市建立重点项目的方法逐步建立了独立的、比较完整的工业体系。改革开放后，市场逐渐在资源配置中起决定性作用，大量人口开始涌入城市，我国开启了全世界速度最快的城市化进程。

随着城市空间规模不断扩大，许多工厂开始搬迁到城市郊区或者城市周边地区发展，住宅小区、商业设施在城市中开始不断集聚，工业遗址正在成为城市发展的阻碍。在城市发展的过程中，部分旧厂区通过拆迁变更土地用途进行重新建设。但是，由于规划、政策等历史原因，部分工业遗址在城市中具有良好的区位条件，却因衰败、废弃等问题变成了无人问津的价值洼地。长期的废弃导致工业遗址衰败并与周围环境形

① 蓝毕玮. 存量更新背景下郑州市工业遗存价值评价及保护利用对策研究[D]. 郑州：华北水利水电大学，2022.

成巨大反差，破坏了城市的景观，影响了城市市容市貌，因此，处理工业遗址是城市更新必须面对的问题。

但是，并非所有工业遗址都可以用大拆大建的方式进行更新。这是因为：第一，部分工业区在城市建设早期就已建成，在城市扩建过程中没有及时迁址，被包围在主城内，拆除难度过大；第二，有的工业区历史悠久，具有文化功能，承载城市记忆，受到政策限制不能随意拆除；第三，由于许多工业区随城市发展存在许久，当地居民对工业区文化情结深，难以接受工业区完全消失；第四，工业区周边环境复杂等其他原因限制工业区的拆除式改造；第五，有些没有污染或者没有噪声的工业生产依然可以在城区进行。

如今，许多城市旧城区的工业企业原址都面临破败不堪但无法拆迁的局面，如何通过合适的模式来推动这些工业企业原址的更新改造，成了地方政府以及业界关心的话题。当然，这也要求在土地使用制度上有所创新，允许一定范围内的土地性质的变更，鼓励企业建设研发总部，消除旧城区工业企业更新的制度障碍。

## 三、政策背景

近年来，城市中旧城区工业企业原址的升级改造问题得到了国家有关部门以及各地政府的高度重视，《中华人民共和国国民经济和社会发展第十四个五年规划和2035年远景目标纲要》① 中提到："加快推进城市更新，改造提升老旧小区、老旧厂区、老旧街区和城中村等存量片区功能，推进老旧楼宇改造，积极扩建新建停车场、充电桩。"这明确了

① 纲要全文参见：http://www.gov.cn/xinwen/2021-03/13/content_5592681.htm。

“十四五”期间老旧厂区的改造是城市更新中的重要内容。通过梳理国家部委层面与地方各级政府出台的有关工业企业原址升级改造的政策文件，可以发现国家与地方各级政府在项目管理、鼓励市场参与、推动创新发展、严格节能减排以及保护文化记忆等方面进行了探索与尝试。

第一，加强管理重点的工业企业原址升级改造项目。国家发展改革委联合工业和信息化部等五部门于2020年6月公布的《推动老工业城市工业遗产保护利用实施方案》[①] 中提出，要选择优秀工业遗产并编制年度项目导向计划，对纳入导向计划的项目，帮助协调解决建设中遇到的困难和问题，形成一批可复制可推广的成功经验。2022年8月《北京市经济和信息化局关于促进本市老旧厂房更新利用的若干措施》[②] 印发，更是明确提到“对于实施老旧厂房更新利用且总投资达3000万元（含）以上的项目，原则上应纳入市高精尖产业项目库；享受本措施支持的项目也应纳入高精尖产业项目库”“强化市区资源协同，吸引重大、示范性先进制造业项目落地；要按照‘清单化管理、项目化推进’原则，有序推动老旧厂房改造重点项目如期完成”。由上不难看出，当前的城市更新政策通过纳入地方政府项目库的方式鼓励对旧厂区进行整体性改造方案设计。同时，在工业企业原址升级改造的经验探索期，以激励先进项目、树立优秀典型为主要方式，面向社会集思广益，构建中国式工业企业原址更新模式。

第二，鼓励构建市场主体牵头、多方协同的更新模式。在工业企业

① 该方案参见：https://www.ndrc.gov.cn/xxgk/zcfb/tz/202006/t20200609_1231025.html，后文不再单独标注。

② 该措施全文参见：http://jxj.beijing.gov.cn/zwgk/zcwj/bjszc/202208/t20220823_2799119.html，后文不再单独标注。

原址升级改造的参与主体方面，近年来的政策鼓励发挥市场主体的作用以及鼓励市场主体进行长期可持续的运营。《推动老工业城市工业遗产保护利用实施方案》指出："探索工业遗产国有资产确权和合法流通交易体制机制。发挥企业主体作用，支持以厂房租赁、企业资产重组等多种方式，实现市场化运作。鼓励各类市场主体以多种形式参与工业遗产保护利用，营造共建、共用、共享的良好氛围。"2021 年 8 月，《住房和城乡建设部关于在实施城市更新行动中防止大拆大建问题的通知》① 中正式提出"探索可持续更新模式""不片面追求规模扩张带来的短期效益和经济利益。鼓励推动由'开发方式'向'经营模式'转变，探索政府引导、市场运作、公众参与的城市更新可持续模式，政府注重协调各类存量资源，加大财政支持力度，吸引社会专业企业参与运营，以长期运营收入平衡改造投入，鼓励现有资源所有者、居民出资参与微改造"。市场化与多方协同一直是我国城市更新有关政策文件鼓励的主要实施方式，在城市工业企业原址更新进程中，政府主要负责区域统筹规划，而项目的生存与创新主要由市场评估与推进，呈现出活力。

第三，鼓励工业企业旧址引入新业态与新产业。旧城区工业企业原址一般都处于主城区，因此，在原址建筑物改造升级后，需要根据交通区位条件引入新的业态或者新的产业。事实上，关于城市更新的一些政策也考虑到如何鼓励新业态新产业进入旧城区的工业企业原址。例如，在引入创意产业方面，《推动老工业城市工业遗产保护利用实施方案》提出，"支持老工业城市依托工业遗产保护利用创建国家文物保护利用示范区""支持设立重要工业遗产博物馆、专业性工业技术博物馆、传

① 该通知参见：http://www.gov.cn/zhengce/zhengceku/2021-08/31/content_5634560.htm。

统行业博物馆等，利用数字技术开发博物馆资源，建设智慧博物馆”“繁荣新业态新模式。将工业文化元素和标识融入内容创作生产、创意设计，利用新技术推动跨媒体内容制作与呈现，孕育新型文化业态。完善配套商业服务功能，发展以工业遗产为载体的体验式旅游、研学旅行、休闲旅游精品线路，形成生产、旅游、教育、休闲一体化的工业文化旅游新模式。促进工业遗产与现代商务融合，改造利用老厂区、老厂房、老设施发展文化创意园区和影视拍摄基地，发展以工业遗产为特色的会展经济和文化活动”。上述要求不仅表明需要推动都市博物馆建设，而且明确支持文创等行业发展。再比如，在鼓励创新产业落地方面，北京市的政策做出了探索。《北京市经济和信息化局关于促进本市老旧厂房更新利用的若干措施》中，对新兴业态以及高新技术企业入驻更新区域提出了多项补贴措施：“鼓励在京企业在不改变工业用地性质的前提下利用工业腾退空间、老旧厂房开展先进制造业项目建设”“支持专精特新企业集聚发展”“对于入驻的‘专精特新’企业使用面积占园区入驻企业总使用面积比例超20%的特色园区，对该类项目按实际建设投入给予最高500万元资金补助，并根据服务绩效给予最高100万元奖励”。由上可见，我国近年来城市更新方面的政策鼓励工业旧址更新“新到前沿”，充分发挥更新作用，探索新业态。

第四，注重在城市更新过程中低碳减排。绿色发展是我国经济高质量发展的重要组成部分，不仅入驻更新区域的企业要符合节能环保要求，更新改造的行为也应符合绿色低碳的要求。以上海为例，2022年7月8日，《上海市碳达峰实施方案》[①] 中特别提到工业旧址更新的要求：

① 该方案参见：https://www.ndrc.gov.cn/fggz/hjyzy/tdftzh/202208/t20220808_1332758_ext.html。

“深入推进产业绿色低碳转型。优化制造业结构，推进低效土地资源退出，大力发展战略性新兴产业，加快传统产业绿色低碳改造，推动产业体系向低碳化、绿色化、高端化优化升级。”《北京市经济和信息化局关于促进本市老旧厂房更新利用的若干措施》则对更新本身给出激励措施：“鼓励通过自主、联营、租赁等方式对老旧厂房等产业空间开展结构加固、绿色低碳改造、科技场景打造及内外部装修等投资改造，实现功能优化、提质增效，进一步释放高精尖产业发展空间资源，带动区域产业升级。对于建筑规模超过 3000 平方米，资源配置效率显著提升、产业引领性强的重点项目，按照现行政策予以支持，单个项目支持金额最高不超过 5000 万元。”

第五，防止大拆大建，保护文化记忆。工业旧址具有承载城市记忆的特殊性，尤其针对某些曾经依靠重工业发展的城市，工业旧址更是城市风貌的集中体现。工业区更新要“旧瓶装新酒”，保留旧瓶的文化记忆，释放新酒的发展动能。《推动老工业城市工业遗产保护利用实施方案》中提出：“依托价值突出、内涵丰厚的重点工业遗产……开展工业遗产价值阐释展示，弘扬工业遗产当代价值。支持老工业城市依托工业遗产保护利用创建国家文物保护利用示范区。”因此，在工业企业原址进行更新改造要突出保护工业遗址的重要性。工业旧址更新对大规模拆除非常敏感，近年来各地在政策上也提出更具体的限制，对拆除重建限定了严格标准，并且严控主城区土地密度。例如，《住房和城乡建设部关于在实施城市更新行动中防止大拆大建问题的通知》中明确：“严格控制大规模拆除。除违法建筑和经专业机构鉴定为危房且无修缮保留价值的建筑外，不大规模、成片集中拆除现状建筑，原则上城市更新单元（片区）或项目内拆除建筑面积不应大于现状总建筑面积的 20%。”再比如，《上海市碳达峰实施方案》提出：“在城市更新和旧区改造中，严格实施建筑拆除管理制度，杜绝大拆大建。”《北京市经济和信息化局关于促进本市老旧厂房更新利用的若干措施》中对增设设施做出详细规定：“为了满足安全、环保、无障碍标准等要求，增设必要的楼梯、风道、无障碍设施、电梯、外墙保温等附属设施和室外开敞性公共空间的，增加的建筑规模可不计入各区建筑管控规模，由各区单独备案统计；根据产业升级以及完善区域配套需求，可配建不超过地上总建筑规模15％的配套服务设施。”

## 第二节 工业企业原址更新改造的目标与原则

在回顾了工业企业原址改造的相关背景之后，本节就工业企业原址改造的目标与基本原则进行分析。

### 一、改造目标

工业企业原址更新改造不仅对传承城市记忆具有重要意义，也在其他方面产生积极影响：工业遗址的更新拒绝大拆大建，节省大量的人力和物力，同时也可以大幅提升更新区域的公共服务能力或生产能力，使其重新成为城市具有活力的区域。不仅如此，工业遗址改造后导入新的产业还能够增加就业机会，从而促进居民收入提升。

总的来说，推动工业企业原址更新改造的目标是：激发原有空间活力，保留工业遗址中的城市记忆，推动新业态或新产业引入，与周围建筑互动发展。

## 二、基本原则

作为一类特殊的城市遗产，工业遗址承载着工业文化和城市历史，不适宜大规模拆除重建，需要因地制宜地确定更新改造方案。因此，在肩负城市功能升级转型责任的同时，也要把握以下四个方面的原则对工业遗址进行保护性更新改造。

一是因地制宜制定更新整体方案。不同的工业企业旧址根据其所处地域不同、周边环境不同、工业区原功能的独特情况适宜不同的更新方案。在推动工业企业原址升级改造过程中切忌一刀切式的粗放更新。例如，在制定更新方案时要综合考虑当地的相关政策，根据综合区位条件选定业态，并根据业态规划保留或者拆除改造的空间，才能充分释放发展动能。

二是充分考虑周边设施条件再进行升级改造。除了工业区本身的条件，周边环境也是决定更新方案的重要条件之一。周边基础设施决定了工作人员通勤、生活的状态，也影响了对外开放空间的可达性。例如交通发达且邻近商业区的工业区旧址适合发展服务业和旅游业；靠近学校以及高新产业园区的工业旧址适合引入科技创新企业；周边拥有较多居民区的地块更适合发展商业；等等。

三是合理规划更新改造后的业态并促进相关业态协同发展。在确定整体方案后，对各个业态在更新后的区域内的具体分布要有详细的规划。同时，工业企业原址更新改造后，在实际运营过程中要注重各个业态之间的生存空间足够并能产生一定的协同性，避免发展动能不足带来二次更新。

四是把长期清晰的盈利模式作为重要原则。在基础设施更新改造之后，新业态生存的关键是清晰的盈利模式下强大持久的盈利能力。园区既要定期监测各个业态的生存情况，确保盈利能力，也要坚持原则与规划。在盈利能力下降时，业主方不应放弃园区运营的基本原则，而变成单纯的二房东，应当基于产业发展的规律再次规划。

## 第三节 典型案例：南京国创园①

本节以南京国创园的发展历程为案例，就旧城区工业企业原址更新改造的微观问题进行具体剖析。

### 一、案例基本特征以及更新改造过程描述

1. 国创园基本情况②

南京国创园全名是南京国家领军人才创业园，位于南京市秦淮区来凤街菱角市 66 号，前身为南京第二机床厂。经过南京金基集团对厂区进行改造和产业升级后，该厂区目前已建设成为以文化及相关产业为主导产业的园区，园区企业年产值超过 20 亿元，年税收为 1.5 亿元左右。

园区地理位置在秦淮区的西南部，紧靠明城墙与秦淮河，距离国家 5A 级景区夫子庙和“中华第一商圈”新街口较近。秦淮区本身就是位

① 本小节的内容得到了南京金基集团的支持，相关内容来自企业方给予的资料、作者实地调研情况以及一些学者的研究。

② 关于国创园更新改造基本情况参考如下资料：(1) 杨雪蕾，郭梓豪. 基于城市修补理念的工业遗产改造优化研究——以南京国家领军人才创业园为例 [J]. 建筑与文化，2023 (8)：151－153；(2) 季晨子. 近现代工业遗产整体性保护与再利用研究 [D]. 南京：东南大学，2018。

于南京城墙范围内的老城区，该园区周边为菱角市小区、来凤里小区、来凤新村小区等住宅小区。这些住宅小区房龄偏老，而且入住率较高。

南京国创园前身可以追溯到1896年两江总督刘坤一创立的“江南铸造银元制钱总局”。1912年“中华民国”成立，该厂更名为“中华民国江南造币厂”。后因造币厂发生火灾，国民政府随后将造币厂迁往上海，并在原地重新设立全国度量衡局和中央工业实验所。中华人民共和国成立以后，在江南铸造银元制钱总局旧址上，南京第二机床厂随着社会主义建设事业的发展而不断壮大。2011年7月月底，南京第二机床厂（现为南京二机齿轮机床有限公司）整体搬迁至南京市江宁区科学园新厂区。2012年，在南京市委市政府、秦淮区委区政府的引领下，南京金基集团果断决策，投资改造南京第二机床厂老厂房，建设文化创意园区。

国创园在2013年9月正式进入运营阶段，已经形成“空间环境促进创业创新、文创人才向势集聚、助推增长方式转变”的特色文化创意园区。2017年，园区被市人民政府认定为南京市历史风貌区，园区内的南京第二机床厂8号楼、19号楼、26－28号楼三处老厂房被认定为“南京市工业遗产类历史建筑”。目前园区已建设成为以文化及相关产业为主导产业的人才聚集地，吸引了包括洛可可、中国铁塔等国内外知名企业在内的150多家创业人才企业入驻。

2. 更新改造过程描述

园区的更新改造主要采用“旧瓶装新酒”的方式，基本保留了建筑物的整体框架，对建筑内部进行更新改造，使得工业遗址的风貌得到了保留。

在建筑改造过程中，由于原有旧厂房的内部空间大多为大尺度空间，施工方在园区功能定位的基础上，对内部空间采用加盖、加层等手法，使得空间能够更好地被利用，也使租金上涨。在外立面改造时，施工方对园区内建筑大多采用红砖墙面配灰色门框、窗框的手法，部分建筑采用米色抹面的手法，另少有白色瓷砖贴面的手法，使得园区整体风貌体现出浓厚的工业氛围。在公共空间方面，业主放弃了部分建筑可能带来的租金，采用局部拆除的手法留出部分广场空间，使得园区更加开阔。

园区采取开放式管理模式，通过广场空间的营造，已经成为市民的文化休闲空间。另外，园区入口以及园区内部保留了部分工业设备，锈迹斑驳的钢铁铸件位于整洁干净的园区，增强了整体的视觉冲击力，保留了工业文化氛围。在经过更新改造之后，园区内的建筑、工业设备遗留与特色的景观空间相得益彰，既保留了历史感，也增加了现代感，给予游客良好的观赏体验。

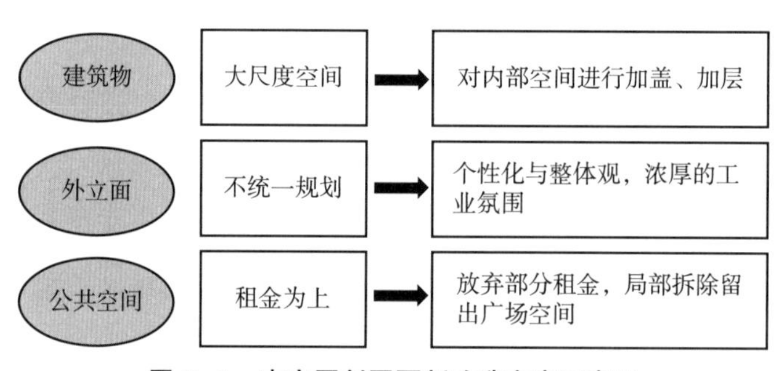


**图 7－1　南京国创园更新改造方案示意图**

## 二、当前的主要业态

自南京国创园运营以来，各类企业与新的商业业态陆续进驻，在取得租金收益的同时，很多商铺成为网红打卡地，获得了很多市民的关注。目前，国创园已建设成为以文化及相关产业为主导产业的人才聚集地，主要企业为文化创意企业、现代服务业以及餐饮消费业等。

入驻的文化创意类企业超过总入驻企业数的60％。文化产品生产领域主要有南京秦淮灯彩文化发展有限公司，是专业负责运营夫子庙秦淮灯会、灯市、美食节的研发和生产的公司。其他文化创意领域的公司主要有洛可可咨询与设计集团、南京创意设计中心有限责任公司，致力于为客户提供行业整体创新解决方案，业务深入智能机器人、消费零售、交通出行、医疗健康、文化创意、公共事业等领域。南京创意设计中心有限责任公司主要经营文化创意项目孵化、成果转化、推广服务、文化艺术交流咨询、策划、文化创意产业投资、展览、展示等文化类相关配套服务，是一家非营利性的文化综合服务公司。

入驻的服务业企业较多，建筑设计服务领域的企业主要有南京兴华建筑设计研究院有限公司、大田设计、马蹄连空间设计、深圳市城市空间规划建筑设计有限公司南京分公司、南京中艺建筑设计院股份有限公司等。软件开发领域的企业主要有南京感动科技有限公司，该公司是一家致力于交通行业的专业性软、硬件研发型企业，坚持自主研发，拥有大量的开发成果和丰富的研发经验，在交通、教育、广电等多行业领域得到用户好评。其他服务业企业还有海华永泰律师事务所和属于婚庆服务行业的南京玫瑰里文化传播有限公司和金锋团队等。

博物馆为国创园的一大产业特色。国创园中目前存在江南丝绸文化博物馆、江南造币博物馆和遇见博物馆。其中，江南丝绸文化博物馆展示了一大批具有江苏特色的经典丝绸产品，常年开展丰富多彩的丝绸文化互动体验活动。江南造币博物馆为金基集团自建博物馆，集中展示钱币文化，与园区制币厂的历史相吻合。遇见博物馆以世界级的文化艺术展览打造高能级文化艺术空间，主要策划大型真迹展览以及推动文化艺术交流。

为了保障园区的良好运转，园区内引进了餐饮业。数量繁多的咖啡店为园区的一大特色，有助于为园区带来流量。目前咖啡店的数量达到9家，因为各自的定位不同，各自的销售额都满足预期。在园区内部还存在多家餐厅，其中“ETE餐超”和“联邦肉局”独具特色，整体氛围充满复古格调，既可以满足园区内工作人员的日常生活需求，又可以吸引游客。

国创园的产业以文化及相关产业为主，辅以部分商业服务业，通过餐饮业保障园区的良好运转。南京秦淮区浓厚的文化基因以及园区厚重的历史为吸引文化产业领域的企业入驻发挥了重要作用。

## 三、更新改造过程中的难点与突破

南京国创园在升级改造过程中遇到了若干难点，南京金基集团通过不断地探索与创新，在很多方面取得了突破。

难点一：推倒重建还是更新改造

南京国创园原址是南京机床厂，在金基集团接手该项目时，诸多关于保护工业遗产的政策尚未出台，因此，当时金基集团有两种选择——将老厂区推倒重建或者保留原貌进行更新改造。很显然，在当时的情况下，通过推倒重建进行房地产开发，其经济效益是巨大的。但是金基集团在充分衡量房地产行业未来发展趋势的基础上，决定在机床厂原址进行保护性升级改造，这也为基金集团在城市更新领域积累了宝贵的经验。

难点二：如何实现园区较高的资金回报

放弃推倒重建意味着放弃了短期较高的资金回报，这就需要在运营阶段下功夫。为此，金基给出了两套解决方案：一是提出“从房东向股东”，运营方以股权的形式入股园区企业；二是不断引入数字经济企业（比如电竞产业），与文化产业融合发展，从而增加园区的总收益。事实上，园区运营方对园区内的企业进行股权投资具有一定的优势。比如，企业的各方面基本信息对于园区运营方来说较为透明，园区可省去大部分的尽职调查工作。经过一系列的后期运营，园区的资金回报率已经达到了年化5％～6％的水平。

难点三：如何应对文化产业对空间的要求

很多文化产业对办公空间的要求较高，既需要对外的展示空间，也需要后台的办公空间，为此，金基集团提出“复合空间”的概念，以“前店后厂”模式助力文化企业发展。在建筑的改造过程中，园区为了让建筑空间更加符合企业的办公条件，付出成本去改造建筑，最终使得建筑面积增大，但改造增加的建筑面积无法进行产权确认，同时也无法计入企业的资产，这给金基集团带来了租金上的损失。

难点四：如何打造公共空间

在工业企业旧厂区升级改造的诸多案例中，诸如停车位、休闲广场等公共空间不足的问题较多。事实上，停车位不足也一直是国创园更新改造过程中的难题，因为以老工业厂房为基础的城市更新项目往往不能进行地面的深挖，很难建设地下停车位。但是，停车位不足又会影响入驻园区的企业的日常办公，长此以往将会影响园区的发展。在此背景下，南京国创园牺牲建筑面积，将厂房内部改造为停车库，在25、26、27号楼的一层设置了多达五层的立体式、机械型停车库，基本满足了园区日常的停车需求。同时，南京国创园坚持“打开围墙，拥抱城市”的理念，将园区的广场设施等向周边居民区开放，虽然变相增加了成本，但是与周边居民区构成了协同发展的局面，有利于周边环境整体改善。

| 难点 | 解决方案 |
| --- | --- |
| 难点一<br>推倒重建还是更新改造 | 解决方案：在机床厂原址进行保护性升级改造 |
| 难点二<br>如何实现园区较高的资金回报 | 解决方案一：提出“从房东向股东”，运营方以股权的形式入股园区企业<br>解决方案二：不断引入数字经济企业（比如电竞产业），与文化产业融合发展 |
| 难点三<br>如何应对文化产业对空间的要求 | 解决方案：提出“复合空间”的概念，以“前店后厂”模式助力文化企业发展 |
| 难点四<br>如何打造公共空间 | 解决方案（车库）：牺牲建筑面积，将厂房内部改造为停车库；设置多达五层的立体式、机械型停车库<br>解决方案（协同周边）：“打开围墙，拥抱城市”，将园区的广场设施等向周边居民区开放 |

**图 7－2　南京国创园更新改造难点及解决方案总结**

## 四、案例启示

通过对南京国创园案例的剖析，该园区更新改造的过程给其他城市旧城区工业企业原址的改造带来了一些启示。

第一，工业企业原址更新需要适当舍弃部分利益。很多工业遗址在改造升级的时候，业主单位会过分强调更新改造后的收益而不愿意在公共空间有充分的投入。诸如停车场、公共广场等设施会挤压可出租面积从而影响资金回报，但是如果没有一定的基础设施配套，也会丧失对新产业的吸引力。通过南京国创园的发展历程可以发现，适当舍弃部分利益会换来园区远期更大的价值。

第二，充分挖掘工业遗址的城市记忆价值与城市美学价值。随着我国经济进入高质量发展阶段，人均可支配收入不断提高，人民群众对美好生活的向往不再局限于传统的衣食住行，而是不断显现出对美和艺术的追求。这种追求会触发创新，从而反馈于社会生产力的发展。因此，在工业企业原址升级过程中要积极确立“美是生产力”的理念，激发城市产生更多的创意产业。

第三，在更新改造与运营阶段要形成业主方、地方政府、入驻企业利益共生的机制。在南京国创园的案例中，土地原本就归属于金基集团，所以不存在土地收益纠纷。但是，由于主城区地块的价格较高，很多土地所有方希望直接拆迁重建。因此，需要城市管理者明确制定工业遗址更新的相关政策。在更新项目运营过程中，要充分考虑入驻企业的通勤、就餐、融资以及其他需求，只有充分考虑入驻企业的利益，方可在运营阶段获得稳定的回报。

## 第四节　沿海部分城市工业企业原址更新改造案例

浙江省中小制造业企业较为发达，但是浙江省地形地貌决定了其可用建设用地较少，因此，浙江省诸多城市均开展了对工业企业原址的更新改造工作。广东省由于开放时间早、开放程度高，省内诸多城市较早地开始了工业布局，随着时间的推移，广东省很多城市工业生产区域面临较重的更新改造任务。本节就浙江省和广东省部分地区在工业用地更新方面的做法进行剖析。

## 一、温州市工业用地更新改造情况

温州市参照“分类指导”的思想，对土地利用不充分、产出效益低下的工业项目按四类标准进行分类认定，制定不同的处置方案。温州有关部门根据《土地管理法》《闲置土地处置办法》[①] 以及《浙江省人民政府关于推进低效利用建设用地二次开发的若干意见》[②] 等法规和文件要求，结合温州市实际情况，制定了《温州市低效工业项目整治提升工作指导意见（征求意见稿）》[③]。该意见加大了对“用而未尽、建而未投、投而未达”三类低效工业用地和空置、出租及不规范使用的工业厂房处置力度。总体看来，温州关于工业用地更新改造有以下三个方面的特色。

第一，通过指标倒逼低效工业用地转型升级。温州市采取亩均效益综合评价和要素资源差别化配置的办法，在用能、用水、排污、融资、奖评等资源配置上采取限制性或差异化措施，倒逼老旧工业整改提升。对于产业导向目录限制和淘汰类的现存企业，通过制订和实施淘汰计划，按照先易后难、有序处置的原则，采取多种措施，分批次提升低效企业、淘汰落后产能，腾出发展空间承接优质产业项目。

第二，推进工业用地整合改造再利用。鼓励企业通过市场化收购方式（政府成片收储方式）收购片区低效工业用地（适用于温州市区工业

---

① 该办法全文参见：http://www.gov.cn/gongbao/content/2012/content _ 2251660.htm。

② 该意见全文参见：https://zrzyt.zj.gov.cn/art/2012/5/3/art _ 1229557811 _ 2304323.html。

③ 该指导意见的内容参见：http://www.wenzhou.gov.cn/art/2019/8/2/art _ 1229277985 _ 21387.html。

限制发展区块之外），对相邻宗地收购后实行整合利用、集中开发建设，优化土地利用规划布局，提高土地资源利用率。

第三，建立信息对接平台。为了吸引更多市场力量参与低效用地升级改造，温州市建立信息对接平台，主要体现在以下两个方面。一方面为空置厂房供需对接和出租转让服务建立平台。在平台上，属地政府能够及时发布厂房供需信息、入驻企业标准要求，进而促使空置厂房有序流转盘活。另一方面为构建统一信息管理系统对闲置工业厂房流转进行备案管理，搭建政府征信系统，对违章项目企业进行管理。

## 二、乐清市工业用地更新改造情况

浙江省乐清市针对工业用地进行更新改造的主要目的是提高单位面积的收益，也就是通过多种方式提升同一块土地的工业集中度。

### 1. 更新方式

乐清市在工业用地更新改造的实践中，坚持以促进产业发展为导向，主要从三个方面推动相关区域的更新。

第一，针对乐清市范围内已建成、在建及计划建设的制造业小微企业创业园进行改造。乐清市要求全市范围内制定园区产业发展规划，根据各地行业特色及产业培育要求选择主导产业。不仅如此，还要求建筑功能设计应符合园区主导产业的发展需求，建筑规模、厂房结构要与生产空间、功能布局紧密融合，园区建筑风格要尽可能体现现代风格、文化内涵和生态要求，让入园企业彰显乐清文化、展示乐清特色。

第二，对于符合城乡规划功能的工业建设用地，采取调整控制性经济技术指标的方式，通过“腾笼换鸟”抓改造、亩均效益评价等创新举措，达到消除老旧工业区隐患、改善城市环境以及切实提高土地集约利用水平的目标。

第三，对于通过“三改一拆”和土地清理腾出的建设用地，采取因地制宜建设小微产业园的方式进行更新改造。通过充分发挥典型小微产业园的示范作用，不断激发内生动力，以点带面释放城镇低效用地再开发的正能量。

2. 更新主体

乐清市小微产业园的改造可以由国有资本投资公司开发建设、企业联合体开发建设（联建）、村集体开发建设、工业地产商开发建设等多主体参与，市场化程度较高。

方式一是原土地权利人自行或联合再开发。一方面允许原土地使用权人自行再开发，另一方面鼓励同一低效用地片区内的原土地使用权人进行联合再开发。具体来说，申请联合再开发的，应以开发单元为单位进行开发，原土地使用权人可作为共同主体申请或共同成立联合公司，并明确再开发完成后的土地分摊面积比例及房屋产权分割方案。

方式二是允许市场主体以转让方式收购相邻单宗或多宗地块（包括有合法手续的闲置空地），申请集中开发建设；收购合法手续的空地，单宗面积原则上不得超过 10 亩。市场主体参与再开发的，收购人应当先办理不动产产权过户手续。

方式三为集体经济组织自行再开发，即将村标准厂房以批准拨用方式供给村股份经济合作社进行再开发。

3. 乐清市工业用地更新的相关政策

乐清市关于工业用地更新的政策主要分为两类：一类政策针对小微产业园的更新改造；另一类政策针对老旧工业园区的改造。

第一，小微产业园的改造参照《乐清市小微企业创业园建设实施细则》① 以及《乐清市小微企业创业创新园建设双月攻坚行动实施方案》② 等政策规定。这一系列政策规定旨在加快小微产业园高质量发展。政策要求各小微产业园制订园区产业发展规划，根据各地行业特色及产业培育要求选择主导产业，体现了规划先行、分类指导的思想，避免了千篇一律。

乐清市人民政府充分发挥牵线搭桥作用，通过银企对接会、银企对接微信群、编制《乐清银行业保险业特色金融产品一览》小册子等措施，解决银企供需信息不对称问题。与此同时，乐清市采取财政存款挂钩激励措施，进一步提高各银行业金融机构和地方金融组织的积极性，解决小微企业担保难问题。乐清市还要求金融机构参照重点工业或基础设施建设项目对符合银行信贷准入条件的小微产业园进行授信管理，鼓励金融机构加大对入园小微企业多元化、个性化金融支持力度，积极开展知识产权质押、股权质押、应收账款保理、仓单质押、承兑汇票贴现等融资。另外，乐清市政策性担保公司积极发挥担保杠杆作用，安排专项担保额度，用于支持入园小微企业，并适当降低担保费率和反担保要求。

第二，针对老旧工业园区的改造，乐清市人民政府制定了《乐清市城镇低效用地再开发试点工作实施细则》③ 以及《乐清市人民政府关于

---

① 该细则全文参见：http://www.yueqing.gov.cn/art/2014/7/28/art_1229145289_818217.html。

② 该方案全文参见：http://www.yueqing.gov.cn/art/2017/5/31/art_1229145288_817954.html。

③ 该细则全文参见：http://www.yueqing.gov.cn/art/2014/7/15/art_1229145289_818209.html。

进一步提升老旧工业项目建设用地集约利用的实施意见（试行）》[①] 等政策文件。文件采取“分类指导”的思想，将更新改造的工业用地划分为两类：一类是城乡规划功能仍为工业的建设用地；另一类是城乡规划功能已调整为非工业或在《乐清市域总体规划（2013—2030）》规划建设用地范围外但已取得土地权属的现状工业点企业用地。相应的，文件对这两类区域的更新改造做出了不同的经济指标调整。

在容积率方面，乐清市政策根据规划要求和产业特点，科学合理设定了小微产业园容积率，除有特殊需求外，小微产业园容积率一般不得高于2.0。对于原已取得合法用地手续的工业企业，城乡规划功能仍为工业的建设用地容积率不超过3.2，建筑密度多层放宽至55%，高层放宽至50%；对于城乡规划功能已调整为非工业或在《乐清市域总体规划（2013—2030）》规划建设用地范围外但已取得土地权属的现状工业点企业用地，确需进行改扩建的企业，其用地不在五线且建设不影响近期规划实施的，容积率上限放宽至2.5，建筑密度放宽至50%。乐清市在政策上对旧厂区改造优惠力度大，规定工业企业容积率上限可至3.2（温州市区2.6），建筑密度上限可至55%，非生产性用房比例可至20%。“退二进三”项目在满足有关技术规范要求的前提下，容积率上限可至4.8，建筑密度可至48%。此外拆后空间利用项目中标准厂房的市政基础设施配套费按收费标准的50%收取，容积率能高则高。

在供地方式方面，乐清市低效用地的改造增加了“批准拨用”的供地方式。《乐清市城镇低效用地再开发试点工作实施细则》规定，使用

---

① 该意见全文参见：http://www.yueqing.gov.cn/art/2018/9/21/art_1229145273_817710.html。

本村集体经济组织所有的城镇低效用地用于村标准厂房、村公共设施和公益事业的（包括农村农贸市场、非营利性养老机构、农村文体活动中心、农村公共绿地、农村公共停车场、村办公楼等），允许以批准拨用方式供地。在资金支持方面，乐清市人民政府设立了财政专项资金，采取工业企业研发经费后补、创新券发放等激励方式鼓励老旧工业区更新改造。

4. 改造成效①

自从启动“小微园”更新改造工作之后，乐清市小微企业园项目共36个，其中建成投用园区21个，在建园区15个。21个建成园区通过省、市、县三级认定，建成面积350余万平方米，解决了1100余家小微企业生产空间受制问题，解决就业人口约3.2万余人。累计培育规上工业企业176家，高新技术企业70家，省科技型中小企业166家。2019年亩均销售收入为822.4万元/亩，亩均税收为27.5万元/亩，2020年亩均销售收入为1054.2万元/亩，亩均税收为32.9万元/亩。

## 三、玉环市老旧工业点改造情况

浙江省玉环市为推动工业企业原址更新改造，制定了《关于玉环市老旧工业点改造的指导意见》，加快传统制造业优化升级。玉环市在工业用地更新方面坚持的原则有：政府主导、规划先行；因地制宜，综合施策；依法依规，尊重历史；多方共赢，因势利导；分类处置，分步实施，滚动开发。

在实施主体方面，玉环市工业用地更新改造主要采用政府统一改造

---

① 本段内容整理自乐清市政协的相关报道，参见：http://zhengxie.yueqing.gov.cn/art/2022/2/17/art_1229616727_58871385.html。

或企业自行改造的模式，充分调动土地权利人和社会各方力量参与改造的积极性。前者为政府依法收回国有土地使用权，征收集体土地，组织统一改造，以货币补偿和建筑产权回购安置两种方式实施；后者为原土地使用权人自行或联合实施工业用地再开发。在调动企业积极性方面，通过企业建筑产权回购安置来调动企业参与改造的积极性，根据企业的配合情况给予一定资金奖励，奖励额度控制在企业原有合法建筑评估价值以内，奖励资金直接用于抵扣建筑安置款。通过给予村集体一定面积的建筑产权补偿奖励来鼓励村集体参与改造。

在大数据的时代背景下，玉环市充分发挥大数据平台的作用。通过调查建库，将改造范围内各地块土地、建筑、权属边界等标注在遥感影像图、土地利用总体规划图和城乡建设规划图上，建立老旧工业点数据库，方便改造工作的有序推进。

## 四、深圳市工业区更新改造情况

为了推动工业区域的更新改造，深圳市先后发布了《深圳市人民政府关于工业区升级改造的若干意见》① 《深圳市人民政府办公厅关于推进我市工业区升级改造试点项目的意见》② 《关于加快推进我市旧工业区升级改造的工作方案》③ 等政策文件。深圳市工业区域更新改造主要有以下三个亮点。

第一，鼓励在工业区域建造办公用房与研发用房。深圳市要求产业

---

① 该意见已失效，全文参见：https://law168.com.cn/doc/view?id=166014。

② 该意见已失效，全文参见：https://www.sz.gov.cn/zfgb/2008/gb591/content/mpost_4998277.html。

③ 该方案已失效，全文参见：http://www.sz.gov.cn/gkmlpt/content/7/7787/post_7787111.html#20044。

主管部门对升级改造的旧工业区的产业发展方向进行严格把关，设定产业准入条件，重点解决工业企业总部办公用房和生产（研发）用房问题，扶持重点企业发展。

第二，坚持保护工业生产。深圳市要求工业区升级改造应坚持以符合城市规划为原则，以符合土地产权政策为核心，以带动产业升级为目标。深圳市要求更新改造项目必须坚持“工改工”的原则，改造后的工业园区以自用为主，严格控制出租，不得转让，并且应按生态工业园区关于绿色环保节能等方面的要求进行规划建设。

第三，对于工业区域改造出台多项优惠政策。例如，工业区升级改造涉及局部重建或整体重建的，与土地管理部门重新签订《土地使用权出让合同》后，原有合法建筑面积不再计收地价，增加部分按现行地价标准的0.5倍计收，土地使用年限自合同签订之日起重新计算；不涉及局部或整体重建的，经过综合整治，土地使用权到期后在符合城市规划的前提下，可以按规定申请办理续期手续。

## 第五节　工业生产区域更新改造小结

通过上文的分析，要做好城市中工业区域的更新改造工作，需要从以下几个方面着手。

第一，老旧工业园区的改造要分类指导，结合当地实际。若工业园区周边有知名学府、科研基地、金融中心、文化艺术环境等，则考虑依托资源禀赋，将工业区域升级为创新园区或者创意园区。若工业园区内的产业属于“高精尖”而没有污染或者噪声，则可以通过更新改造提升其亩均效益评价，让“高精尖”产业留在园区。

第二，老旧工业园区的改造要发挥大数据和金融支持的作用。大数据的应用主要考虑以下几个方面：首先，建立老旧工业点数据库，利用遥感技术，将改造范围内各地块土地、建筑、权属边界等标注在遥感影像图、土地利用总体规划图和城乡建设规划图上；其次，搭建空置厂房供需对接和出租转让服务平台；再次，构建统一的信息管理系统对闲置工业厂房流转进行备案管理；最后，将违章企业项目纳入政府征信系统。金融支持的应用主要考虑解决“融资难”和“担保难”两大问题。例如，可以通过金融支持解决银企供需信息不对称问题，开发差异性的信贷服务，加大多元化、个性化金融支持力度来解决企业融资难问题；可以引导政策性担保公司积极发挥担保杠杆作用，安排专项担保额度，适当降低担保费率和反担保要求，解决企业担保难问题。

第三，老旧工业园区的改造要兼顾民生和生态。以乐清市小微园区建设为例，其更新改造过程中重视历史与文化因素，建筑功能、规模、结构在满足主导产业、生产空间、功能布局要求的同时，强调要努力彰显文化内涵，满足生态要求，突出乐清特色。此外，城市更新要兼顾生态环境建设，乐清低效用地的改造坚持拆绿结合，优化城市环境。乐清老旧工业的改造方案中特别强调了停车位和消防改建的新规定，低效用地注重建设公共设施、发展公益事业项目，这些都体现了对社会民生的充分保障，体现了“以人为本”的理念，兼顾了城市更新的社会价值。

第四，运营主体对工业企业原址更新改造后的持续发展具有重要作用。从南京国创园的案例可以看出，南京金基集团作为更新改造主体与运营主体，坚持其经营理念，能够为更新改造后的园区的长远发展制定规划甚至舍弃部分经济收益，是南京国创园能够成功运营并成为网红打卡地的前提。而如果要在工业土地提高容积率建立小微园，则需要运营方能够根据当地经济发展情况确定主导产业并进行招商工作，同时还需要为园区的企业提供相应的服务。

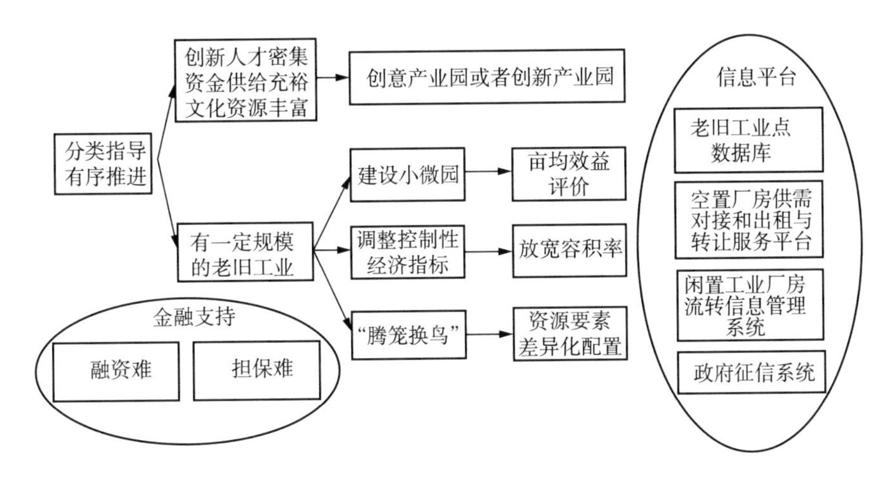


**图 7－3　老旧工业区域改造模式总结**

资料来源：根据案例分析结果总结绘制。

# 第八章　城市更新中的硅巷建设

硅巷是指城市主城区基于老旧建筑打造的高新技术产业高度聚集的城市园区空间，它是城市更新的重要内容之一。硅巷建设区别于其他城市更新项目，关键在于其高科技产业集聚的特征。西方发达国家城市更新的经验表明，硅巷是城市更新中助力城市产业升级、创新发展以及经济新增长点的重要载体。本章将重点分析硅巷的特点及其在城市更新中的重要性，结合国内外的典型案例进一步总结如何做好城市硅巷建设。

## 第一节　硅巷建设概述①

### 一、硅巷的起源与概念

"硅巷（Silicon Alley）"是相对于"硅谷（Silicon Valley）"的一个概念，当时仅是以纽约熨斗大厦（Flatiron Building）为中心的一个地名概念，后来是指始于纽约第五大道与百老汇地区的科技企业集群，广义上的纽约硅巷已经不是一个具体的地名，而是一个概念，指的是纽

---

① 本段关于硅巷的概念介绍参考了以下研究：(1) 赵程程，秦佳文. 美国创新生态系统发展特征及启示 [J]. 世界地理研究，2017，26 (2)：33-43；(2) 张成. "硅巷"：美国新科技首都 [J]. 宁波经济（财经视点），2014 (2)：51；(3) 李文增. 美国硅巷科技发展对构建滨海国家自主创新示范区的启示 [J]. 城市，2015 (3)：43-46。

约区域庞大的科技创新生态系统。

1990年左右，美国经济危机使得金融业发达的纽约受到冲击，失业的年轻人聚集在因经济萧条而闲置的曼哈顿第五大道和23街交会的熨斗大厦附近创业，使这里成为硅巷的发源地。1995年纽约为了吸引向往硅谷的人才，正式提出了与“硅谷”对应的“硅巷”，21世纪初期硅谷高科技泡沫破灭时，纽约政府积极引导并增加投入，硅巷抓住机遇快速发展。2008年全球金融危机后，纽约市政府认识到仅以金融产业为支柱对于城市发展来说具有不稳定性，提出要将纽约打造成为世界领先的“科技之都”，也被喻为“东岸硅谷”。与位于美国西部的硅谷以ICT研发设计制造业不同的是，纽约硅巷区域内的业务大多集中在互联网应用技术、社交网络、智能手机及移动应用软件上，开辟了中心城区城市空间复兴的新路径。如今，推动城市硅巷建设已经成为全球许多大城市利用存量空间培育科技产业的一种普遍模式。

## 二、硅巷的特点

硅巷作为城市更新中一种特殊的创新街区，明显区别于其他城市更新工作，其特点在于“城市性”与“创新性”：“城市性”是指硅巷建设基本位于大城市的主城区，立足于主城区存量空间更新；“创新性”，硅巷是一个创新资源汇聚的综合体，是集工作、生活、休闲于一体的创新活力区。一般具有以下三个显著特质。

1. 区位条件优越。硅巷一般位于城市中心，有便利的交通基础设施以及周边较为发达的商业设施，创业者可以与外界产生较为便捷的联系，其商业伙伴抵达硅巷进行商务交流也较为便捷。

2. 各类促进创新的资源在硅巷汇聚。从空间载体看，硅巷是海内外知名孵化器、加速器的汇聚地；从研发能力看，各类研发机构、高校等资源在此汇聚；从金融资源看，各类校友基金、创投基金、银行资源等在硅巷汇聚。

3. 具有成熟的创新环境生态系统。硅巷中一般具有若干个科技产业组织，建立了行业互助系统。同时，硅巷中的诸多企业实行市场化运作和商业化管理，通过股权把资本、技术、人才以及高校院所整合成高效运转的整体。

## 三、硅巷对城市的重要性

“硅巷”这个词语近年来在我国诸多有关城市更新的讨论中频繁出现，这说明硅巷建设获得了越来越多的关注。在科技驱动发展战略背景下，硅巷建设对城市高质量发展愈发重要。

第一，建设城市硅巷为创新创业活动提供了必要的空间载体。创新创业活动不仅需要高科技人才以及较高的经费投入，而且还需要城市中发达的现代服务业推动其成长壮大。城市中心区域集聚的金融机构、律师事务所等高端服务业是创新创业活动成功实现的重要支撑。因此，城市中的创新创业活动一般均分布在城市中心区域。虽然为经济活动提供空间是城市经济的必然要求，但是资本对资金回报率的客观要求使得城市中心区空间载体的租金不断提高。而创新创业活动由于起步早、风险大以及回报率不确定等因素，对办公空间的租金较为敏感。所以，需要通过硅巷建设为创新创业活动提供租金较为低廉的空间载体。

第二，建设城市硅巷有利于防止主城区空心化。长期以来，由于新城区容易规划且土地出让会带来较多的财政收入，地方政府部门热衷于回避主城区更新改造等较难开展的工作，大力推进新城区建设。在推动新城区建设过程中，很多地方政府通过强制行政命令或者优惠条件吸引大学或者科研机构向新城区搬迁。大学或者科研机构由于有规模扩张的需求，也有为人才解决住房的需求，纷纷搬离主城区，使得很多城市主城区空心化日趋严重。国外经验表明，硅巷建设可以让创新创业活动留在主城区，并且吸引较多高科技青年人才就业，有利于防止主城区空心化。

第三，建设城市硅巷有利于推动城市主城区复兴。在城市热衷于新城区建设阶段，不仅一些企事业单位会搬离主城区，很多新的就业机会也会流向新城区，导致主城区人口密度下降。在“门槛效应”的作用下，一些商铺因为达不到最低人流量的要求而陆续关闭，主城区的部分商业会出现凋敝的现象。城市硅巷建设不仅能够吸引更多的人口就业，也会因为商务交流带来更多的人群在主城区消费，能够复兴旧城区的商业。

第四，建设城市硅巷有利于促进经济发展方式转型，促进创新性城市建设。党的十九大报告把加快建设创新型国家作为贯彻新发展理念、建设现代化经济体系的一项重大战略任务；党的二十大报告提出，创新是第一动力。从世界其他国家建设硅巷的经验来看，硅巷建设有助于培育新兴产业，能够提高产业附加值，促进经济发展方式转型。

## 第二节 国外硅巷典型发展模式及案例

硅巷所代表的是城市主城区高新技术产业高度集聚的街区空间，在政府的大力推动下，城市硅巷在传统街区既有交通网络以及其他基础设施的基础上，融入创新的企业、科研机构以及金融资源等要素，实现了区域能级提升与综合性发展。美国纽约布鲁克林硅巷、英国剑桥肯德尔广场（Kendall Square）、荷兰埃因霍温高科技园区、加拿大 MaRS 高科技探索区（MaRS Discovery District，简称 MaRS）等都是目前世界上前沿的具有典型性、代表性的硅巷案例。纽约布鲁克林硅巷是依托老工业基地空间转型升级的典型，剑桥肯德尔广场是由高校作为锚机构触发街区更新和创新的代表，荷兰埃因霍温高科技园区则是由大型成熟的高科技公司引领街区创新转型升级的典范，而加拿大 MaRS 高科技探索区的最大特色是由多元主体的基金主导了创新园区的规划、开发和运营。

## 一、纽约布鲁克林硅巷①

纽约布鲁克林区位于纽约曼哈顿岛的东南边，是重要的运输港口。曼哈顿蓬勃发展的航运业和造船业蔓延到布鲁克林，仓库、工厂还有造船厂纷纷开始建立，对于商品和劳动力流动的迫切需求，促成了布鲁克林大桥和曼哈顿大桥的建设。1883 年布鲁克林大桥正式交付使用，布鲁克林沿河区众多制造工厂与仓储业快速发展。

布鲁克林东北部 1 平方公里的海滨区域是美国最古老的海军造船厂之一，从 19 世纪初就开始帮助美国海军造军舰。1801 年，在约翰·亚当斯总统提升海军发展水平的政策推动下，联邦政府以 4 万美元的价格

① 关于布鲁克林硅巷的内容参考了下列文献：(1) 梁爽，刘柯岐，董美宁，等. 纽约布鲁克林海军造船厂适应性再利用研究 [J]. 工业建筑，2019，49 (1)：206－211＋200；(2) 赵晓龙，杨溢华，裴立东. 基于新城市主义的纽约布鲁克林区城市更新策略研究 [J]. 华中建筑，2022，40 (9)：19－23； (3) 李婧，史华祺，殷舒瑞. 美国纽约布鲁克林科技三角区更新实践：青年友好视角下的老城更新规划方法探讨 [J]. 北京规划建设，2023 (1)：44－48； (4) 夏天慈，张京祥，何鹤鸣. 创新经济驱动下的老城复兴规划方法探讨——基于纽约布鲁克林科技三角区的规划实践 [J]. 现代城市研究，2020 (5)：86－93。

购买了布鲁克林商业造船厂的旧码头和土地，于1806年建成了纽约布鲁克林海军造船厂。

第二次世界大战后，纽约主导产业由制造业逐步转向服务业，同时随着大型集装箱时代的到来，纽约港狭小的腹地失去了竞争力，航运和制造业转移大潮过后，布鲁克林迅速没落。1966年，联邦政府宣布关闭布鲁克林海军造船厂，大量布鲁克林居民搬迁到其他制造业中心城市，人口大量流失以及产业转移使得大量土地、工厂闲置。

20世纪70至90年代，纽约市政府为了振兴布鲁克林曾陆续出台相关复兴计划，推出Art-In-Residence项目，“桥下艺术区”（Down Under the Manhattan Bridge Overpass，DUMBO）吸引了大量因曼哈顿租金上涨而迁移的艺术家，布鲁克林区逐渐转型成为艺术创新中心。布鲁克林中心城区则因20世纪80年代纽约理工大学牵头建设的地铁科技中心通过公私合营的城市更新转向科技商务区。布鲁克林海军造船厂在1969年被纽约市政府买下，希望将它打造成新的工业园区，但最终因为投入力度不足以及经营不善等，更新改造工作没有取得较好的效果。

2012年，由布鲁克林市中心合作联盟、布鲁克林海军造船厂开发公司和DUMBO改善机构组成的布鲁克林科技三角联盟通过WXY规划建筑公司对布鲁克林科技三角区进行更新改造规划。后来，纽约市政府提出了《布鲁克林科技三角区战略规划》，DUMBO、布鲁克林海军码头区（Navy Yard）和布鲁克林中心城区（Downtown Brooklyn）三个片区共同构成了布鲁克林科技三角区（Brooklyn Tech Triangle），这一计划改变了过去三地碎片化的城市更新格局，转而向更具有规模和目标导向的科技赋能城市更新，集三区之力集结世界各地的资源，共同推进布鲁克林的产业升级转型。

2015年，纽约一家调研机构的报告显示，在作为硅巷模式发源地的曼哈顿，众多创业者由于空间和租金的限制产生了搬迁的想法。在考虑交通和租金成本以后，75%的受访公司都愿意进驻曼哈顿对岸的布鲁克林科技三角区。2015年，三角区拥有纽约市内约10%的科技公司，已成为曼哈顿以外纽约市最具城市活力的地区。

在产业布局方面，布鲁克林科技三角区内汇集了高等教育院校11所、500多家创新公司以及数十万名青年人才。结合三个区的高校产业优势及原有产业特色，三个区既形成了吸纳文化、创意类产业提升区域活力的共识，同时又在高科技产业方面优势互补、错位发展。DUMBO重点吸引数字化科技企业与综合类创意公司总部；布鲁克林中心城区主导产业为金融、文化产业；海军码头区主导产业为微型制造、智能制造等产业。

为了吸引青年人才，政府通过包容性住房政策为不同职业的青年群体提供了相应的住房保障。以布鲁克林医疗住房有限公司为例，2015年该公司提出学院与租房网站合作，为医学生提供多种规模和租住时长的廉价房源。布鲁克林市中心城区提出在新开发项目周边规划新的交通站点，并与纽约交通管理局合作，优化公共交通以满足租房居民的交通需求。

布鲁克林科技三角区的成功经验正在被很多其他城市和地区效仿，其经验主要有以下三点。第一，科学合理的产业规划。布鲁克林科技三角区在产业定位上，与曼哈顿硅巷实现错位发展，重在吸引小微科创类企业。三个地区的主导产业立足各自的传统和纽约理工学院、纽约大学等科研优势，实现三角区内部的优势互补与错位发展。其中，海军造船厂是纽约市内最大的轻工业综合园区，布鲁克林中心区是大型办公商务区，DUMBO是纽约一流科创中心与艺术时尚中心。第二，政府在布鲁克林科技三角区规划建设过程中起到决定性作用。政府提出了总体的规划构想，同时也是三角科技实验区初期城市更新等资金投入的主体，推动成立了开发和管理运营公司。政府还出台一系列配套的激励措施，吸引企业和人才落地。第三，注重通过多种措施吸引青年人才。例如，为使本地居民有机会在创新企业中从事更高门槛的工作，政府着重打造了一套面向居民的教育培训体系；DUMBO目前共有8处艺术墙、20处艺术画廊，并于2022年举办了第8届布鲁克林美国音乐节和第11届年度摄影节等艺术活动，通过打造文化氛围吸引青年人才；等等。

## 二、剑桥肯德尔广场①

位于英国剑桥市的肯德尔广场是全球创新企业较为密集的地区，在方圆约2.5平方公里的空间里集聚了百余家全球顶尖的创新企业。该广场原来是一个肥皂厂厂区，在肥皂厂搬走后，主要由麻省理工学院（MIT）提交发展规划申请，并与地方政府共同投资建设，这里是美国公认的“创新心脏”。

20世纪初的肯德尔广场是剑桥市的城市工业中心，1916年MIT迁入剑桥市并快速扩张到肯德尔广场边缘。随着1959年美国的一波制造

① 关于肯德尔广场的案例，参考了如下文献：(1) 王成军，李辉，王佳莲. 教育—科研—创业三螺旋创新体系如何促进知识交流？——基于麻省理工学院的案例分析 [J]. 开放教育研究，2023，29 (5)：74－85；(2) 王宇彤. 城市更新中的创新转型路径与模式——以肯德尔广场为例 [C] //中国城市规划学会，重庆市人民政府. 活力城乡 美好人居——2019中国城市规划年会论文集（02城市更新）. 南京大学建筑与城市规划学院，2019：10。

业转移浪潮，当地的莱沃兄弟肥皂厂搬离肯德尔广场。1960 年当地政府成立的负责城市更新的剑桥更新局与 MIT 商定，由 MIT 接收肥皂厂的旧址和厂房，并与私人开发商合作将其改建为科研活动与工业生产相结合的综合办公楼，命名为“科技广场”，为肯德尔广场带来了新的发展机遇。IBM、宝丽来等企业纷纷落户，连美国国家航空和航天局（NASA）都一度将这里作为新科技园区的选址，用来研究载人航天的电子系统。

1950—1980 年，肯德尔广场依旧难以扭转衰落的颓势。随着 20 世纪 80 年代初以计算机应用为代表的信息技术的兴起，MIT 时任校长 Jerome Wiesner 创立了 MIT Media Lab，开启了肯德尔广场科研创新创业相结合的新时代。1982 年，MIT 未来的诺贝尔奖获得者菲利普·夏普教授，将他创办的 DNA 技术企业搬迁到了肯德尔广场，以便尽量靠近其 MIT 实验室。他提出了“所有的研究都在大学里进行，但我们想雇佣的人是学校以外的”产学研理念，菲利普的模式大获成功，其他生物医药类公司纷纷追随他的步伐落户肯德尔广场，这里迅速成为全球的生命科学中心。之后很多年里，众多世界领先的生物医药公司与研究机构纷纷入驻肯德尔广场，肯德尔广场目前已经成为全球生物医学研究高度集中的地区之一。肯德尔广场与 MIT 等合作创办了波士顿首批孵化器——剑桥创新中心（CIC），其随后发展成为综合型孵化器，为 MIT 乃至全球科技初创企业提供了高效的技术商业化服务，并培育出了众多创新公司，促使肯德尔广场成为日益成熟的创新生态圈。进入 21 世纪以来，其他领域的科技巨头如微软、谷歌等也在肯德尔广场设立分公司。

肯德尔广场被称为“全球最具创新的一平方英里”，方圆一平方英里之内集结了超过百家大大小小的生物医药领域的科技公司，其中包括多家知名生物医药公司：诺华、辉瑞、百健（Biogen）、健赞等，同时聚集着 NASA、谷歌、微软、Facebook 等全球技术领先企业。

从肯德尔广场的发展历程可以看出，世界顶级名校参与产业园区的开发与运营，可以有效地提高科技成果的转化能力。MIT 作为科研成果的供应商，提供了产学研的创新动力及创新人才，发挥了催化整合作用，使得企业、大学、政府和社会组织等形成了高效创新系统。在肯德尔广场发展过程中，政府部门的战略引领也发挥了重要作用。剑桥市政府积极向联邦政府申请资金支持 MIT 在生物医药领域的研发与创新，并为 MIT 的产学研转化提供了大量的优惠政策与财政补贴，在肯德尔广场创新发展逐渐成熟后，市政府不再对产业给予直接补贴，而是通过设立共同实验室以及创新创业发展服务中心等机构为创新发展提供支持。

## 三、荷兰埃因霍温高科技园区①

埃因霍温高科技园区是欧洲知名的高科技产业园区之一。1891 年，飞利浦兄弟在此设立工厂生产灯泡。第二次世界大战后，飞利浦等大企业开始产业转型与扩张，为了解决自身产业分散性问题，1998 年飞利浦高科技园区成立。2002 年“飞利浦高科技园区”更名为“埃因霍温

---

① 关于埃因霍温高科技园区的案例，参考了以下文献：(1) 付宏，金学慧，西桂权. 荷兰埃因霍温高科技园区服务管理经验及其相关启示［J］. 科技智囊，2020，284 (1)：77－80；(2) 吕康娟，黄俐，刘蕾，等. 荷兰埃因霍温高科技园区数字化转型研究［J］. 全球城市研究（中英文），2022，3 (3)：157－170＋194；(3) 喻金田，陈媞. 荷兰埃因霍温创新型城市建设经验及启示［J］. 科学学与科学技术管理，2012，33 (11)：46－51。

高科技园区”，飞利浦成了园区中的成员企业，该园区开始向其他创新产业开放，逐步形成了综合性的高科技园区。当前，埃因霍温高科技园区形成了一个由跨国公司、大企业、中小企业、初创企业、研究机构和各类服务型企业组成的开放性的创新生态系统。埃因霍温高科技园区被誉为“欧洲最智慧的1平方公里”。

埃因霍温市地处荷兰阿姆斯特丹、德国鲁尔区、比利时布鲁塞尔三角地带的中心区域。19世纪下半叶，该地区开启了快速工业化的进程，使埃因霍温从农业区升级为工业城市，其中的一家企业飞利浦公司对城市发展产生了深远影响。1891年飞利浦创始人杰拉德·飞利浦（Gerard Philips）因对科技的热爱和对电灯泡的兴趣便自主研究、生产电灯泡，在埃因霍温小镇建立工厂并创立了飞利浦公司。随着企业的不断壮大发展，周边大量的住宅、商业、娱乐等设施应运而生，飞利浦公司不仅是城市最大的雇主，也是城市最大的开发商，公司为了吸引更多的员工加入，陆续为员工修建了居住区、医院、学校、体育场等生活设施配套，埃因霍温因此由一个小镇蜕变成一座现代工业城市。

20世纪70年代，随着亚洲制造业的崛起，欧洲制造业开始向亚洲四小龙迁移，亚洲制造业在国际市场的份额越来越高。飞利浦试图通过产品线多元化来赢回被索尼等亚洲企业夺走的国际市场。但是，飞利浦的多元化发展并没有取得成功，其不得不通过精简产品线、出售盈利板块以及关闭各地工厂等措施避免公司走向破产，这也导致了埃因霍温的发展受到冲击。1998年，飞利浦为了解决研发中心分散难以交流的问题，成立了高科技园区，是整个集团在全国研发新技术的唯一中心，其主要目的是营造开放的创新氛围，实现知识的高度集中，帮助飞利浦更快开发新技术。2001年因新机场的建成，飞利浦总部迁往阿姆斯特丹，值得庆幸的是，埃因霍温的经济虽然在衰退，但创新基因犹在，飞利浦的物理实验室和研发中心还留在城市，并没有随着飞利浦总部的搬迁而离开埃因霍温。而且，城市为制造业配备的埃因霍温理工大学、埃因霍温设计学院等三所应用技术型大学，还能为创新提供源源不断的人才。

2002年，“飞利浦高科技园区”更名为“埃因霍温高科技园区”，向除飞利浦集团之外的其他科技公司和研发机构开放研发设备、实验室等。2012年飞利浦将埃因霍温科技园区出售给专业运营商 Chalet Group，飞利浦不再是园区的主人，而是园区众多企业中的一员。园区非常清晰地围绕高科技材料、食品与技术、汽车、生命科学与健康、设计这五大产业发展，重点发展健康、能源、智能环境三大主导产业。[①]

埃因霍温高科技园区发展历程值得借鉴的经验有以下三个方面。

第一，政府在埃因霍温高科技园区建设历程中发挥了重要作用。20世纪90年代受亚洲制造业崛起的影响，埃因霍温大量工人失业，埃因霍温政府为常住人口提供补助以便创造就业岗位。2001年，埃因霍温政府推出了 Horizon 计划，其目的是帮助产业创新，这使得原有的工业结构与高科技知识基础协调发展，促进了埃因霍温高科技园区的不断壮大发展。

第二，龙头企业的带动效应有利于打造创新生态系统。从飞利浦开始成立高科技园区到后来更名为埃因霍温高科技园区，飞利浦作为龙头企业的带动效应是不可或缺的。由于飞利浦集团本身业务多元以及在国

---

① 引自：《深投控》第93期科技园区“进化论”，埃因霍温高科技园的创新智慧，https://www.sihc.com.cn/sihc/news/company-news/20220408/c4145974-454f-42cb-91a3-80c5c6d23b18.html。

际上的影响力，其吸引了众多与自身业务相关的企业入驻园区，为园区的腾飞做出了巨大的贡献。

第三，开放环境及创新资源共享推动了园区进一步发展。在埃因霍温高科技园区，开放、互联的理念处处可见，设计师与建造方在建筑内部创造了很多增进交流的空间等。同时，园区管理方通过举行大量活动，来促进非正式网络的搭建和创新资源与知识的共享。

## 四、加拿大 MaRS 高科技探索区①

MaRS 高科技探索区位于加拿大最大的城市多伦多核心区的地铁站上盖，建筑面积大约 14 万平方米，于 2005 年正式启用，目前是世界上较大的城市创新中心之一。MaRS 早期的办公空间是根据一座医院更新改造而获得的，值得一提的是，这座医院是诺贝尔奖获得者弗雷德里克·班廷（Frederick Banting）和查尔斯·贝斯特（Charles Best）发现胰岛素的地方，同时也是起搏器等医疗设备设计的发源地，见证了医学科技的重大突破和进步。

MaRS 最初的概念是由已故的约翰·埃文斯（John Evans）博士设想提出的。Evans 博士是一位著名的医学专家，也是麦克马斯特大学医学院的创始院长。Evans 认为，突破性的医学发现很难实现商业化的原因是没有一个复杂的支持系统推动，而为了推动医学实现商业化的进程，最好的方式就是将各种相关的要素高度集聚在一起，创造一个综合的创新生态系统，而市中心是链接所有创新要素的最佳地。

2000 年，包括 John Evans 博士在内的 13 位知名人士共同募集了

① 关于 MaRS 的案例，参考：美国、加拿大孵化器发展与启示 [J]. 中国高校科技与产业化，2009 (3)：56－60。其官方网站为 https://www.marsdd.com/。

1400 万美金开始 MaRS 的前期建设工作，MaRS 的大楼于 2005 年开始使用。MaRS 在发展历程中，遇到了缺乏持续资金投入的问题，这倒逼 MaRS 向外开拓更广泛合作关系，伴随着项目不断发展，大量外部的政府资金和私人资金被吸引，包括专门开发医药产业园的纳斯达克上市公司亚历山大房地产证券公司等。

由于 MaRS 创始人的学科背景以及 MaRS 在地理位置上毗邻金融区及附近的多伦多大学等，其聚焦发展的主导产业为生物医药、能源与环境产业等。根据 MaRS 官方最新数据显示，每天在这里工作的人达 6000 余人，Autodesk、Samsung、PayPal、Airbnb 等标志性的科技企业都是园区内的租户，自 2008 年以来园区为支持的公司共筹集了 106 亿美元的资金，2020 年 MaRS 支持的公司雇用员工数量超过 2.28 万人。

MaRS 的成功经验主要包括以下三个方面。

第一，多种主体的资金支持推动了园区建设获得成功。MaRS 创始人所提出的概念和蓝图十分宏伟和令人振奋，但真正让理想落地为现实离不开真金白银的资金投入。为了抵御经济周期的负面影响，MaRS 开放资金筹集渠道，这样既能获得公共部门的资金支持，又能得到私人企业的创新力量。

第二，MaRS 建立了多元的投资平台。MaRS 的投资方和建设方包括了一系列机构，具体有：联邦政府和省政府、多伦多市、多伦多大学、多伦多创新信托机构以及多家私人企业和基金会。这些投资者为 MaRS 提供了资源和资金，使其能够顺利落地和运营。2008—2017 年，MaRS 的资本规模已达到 48 亿美元，收入达到 31 亿美元。

第三，独具特色的创新生态系统。MaRS 的创新生态系统尤其注重创业企业成长环节的辅导，例如：开设101创业课程、孵化器免费为所有入驻企业提供管理咨询服务等。园区管理方还注重通过复杂的商业化过程，给予企业在每个发展阶段所需要的帮助。

## 第三节　中国硅巷发展典型模式及案例

中国各大城市在推动城市更新相关工作时，也开始尝试打造硅巷。总体来看，我国的硅巷建设起步较晚，一方面是各地兴建大学城使得很多大学都搬离了主城区，在城市中建设硅巷缺乏科研机构的支撑；另一方面，长期以来我国科研院所的科技成果转化能力与发达国家还有一定的差距。但是，随着国家层面对科技创新工作越来越重视，很多城市不仅推动科技创新空间改造，也出台了一些促进科研院所科研成果转化的相关政策，对我国各大城市推动硅巷建设工作产生了积极的作用。

中国的硅巷建设有两类：一类是在主城区进行更新改造打造科技园区并冠以“硅巷”的名称，典型的有西安市莲湖区打造的倍格硅巷；另一类是围绕大学或者科研机构的老校区、老办公区推动硅巷建设，典型的有南京环南大知识经济圈等。

### 一、西安莲湖：倍格硅巷①

倍格硅巷分布在西安市宏府大厦的部分楼层，宏府大厦位于西安城

---

① 西安倍格硅巷的案例整理自：(1) 凤凰网房产选房：西安倍格硅巷改造案例，https://ishare.ifeng.com/c/s/v002aX9OBTV1AdGh0wg—z9htsN8L0Oe388fTnudBhY7VsYQ_；(2) 倍格官网：http://www.e-bigger.com/；(3) 西安宏府集团官网：http://www.hongfv.com/index.php?option=com_rspagebuilder&view=page&id=9&Itemid=584。

内北大街与二府街交叉口，紧邻地铁口，交通快捷便利，集商贸、餐饮娱乐、写字间、酒店公寓等功能于一体，商业氛围浓厚。宏府大厦整体占地面积13余亩，总建筑面积8万平方米，其中A座的1～5楼为倍格硅巷众创空间。

宏府大厦一至五层曾入驻过沃尔玛、大洋百货等业态，因各方原因导致商业业态陆续撤场，在大洋百货于2016年12月撤场后，该大厦的一至五层一直处于空置状态。宏府集团近年来重视城市更新工作，先后投资260多亿元参与城市更新改造项目。倍格生态是中国较早进行硅巷建设运营的一家企业，创始人兼CEO周贺于2015年创立该公司。近年来，倍格积极借鉴国内外经验，努力探索出了一条具有倍格特色、符合所在城市实际情况的城市硅巷模式。宏府集团与倍格生态对接后，由倍格生态承接宏府大厦群楼项目，合作投资8500万元（其中4～5层投资金额3100万元），合力打造以“倍格硅巷”为子品牌的全亚洲单体量第二大联合办公空间。

由于宏府大厦楼宇竣工时间较早，并且原有建筑使用方向是商业业态，在更新改造过程中，倍格生态需要克服建筑外立面窗户数量基本为零、承重立柱较多等困难。不仅如此，倍格生态为了给不同年龄层、不同爱好、不同行业的人群带来人文关怀的空间体验，还注重将趣味、个性、美好的元素融入更新改造过程。倍格硅巷引进和打造的主导产业为新媒体、软件互联网，在短时间内就与今日头条达成合作，并成功吸引抖音团队入驻空间。截至2018年年底，倍格硅巷共吸引100家入驻企业，其中有今日头条、抖音、大象民宿、51vr、丹托杰、鲜LIFE（鲜生活）等知名创业企业，入驻率超过95%。

但是，西安倍格硅巷与科研机构之间的互动几乎为零，并没有有效利用好西安当地较多的科创资源，与国外成熟的硅巷相比，还存在较大差距。

## 二、南京鼓楼区：环南大知识经济圈①

南京是科教名城，鼓楼区作为南京的主城区更是南京众多科研院所的空间载体，包括南京大学、南京师范大学、河海大学、中电十四所、紫金山天文台办公楼等。随着城市人口规模不断增长以及城市的空间扩张，鼓楼区由于空间的限制以及南京新城建设的需要，区内科研院所等主体都搬迁至新城区，鼓楼区作为曾经重要的科技与文化高地出现了"空心化"现象。2019 年，鼓楼区主动推动硅巷建设，充分利用主城高校周边存量用地，与高校共同打造集科技创新、文化创意等于一体的特色创新街区，促进街区低效载体转型升级，结合创新创业需求沿巷纵深布局生活服务业态。

南京鼓楼区硅巷总体的功能定位是校、产、人、城融合发展的新空间，集工作、生活、休闲于一体的创新生态圈。鼓楼区政府希望围绕未来城市核心区创新发展的新需求，以智力创新为核心、以生态文化为重点、以创新人才为突破，实施"大学＋""企业＋""人才＋""平台＋"行动，从而形成软硬件全面领先的全域创新环境。空间布局上立足鼓楼区科教资源以及产业发展基础，构建"一圈三核二轴"，其中的一圈即环南京大学知识经济圈。

南京大学是一所综合性的百年名校，拥有深厚的人文积淀和扎实丰富的科研资源与基础。2009 年，南京大学仙林校区启用，鼓楼校区的

---

① 该案例的研究得到了南京市鼓楼区科学技术局的帮助，特此表示感谢。

大部分院系陆续搬迁至南京大学仙林校区，鼓楼校区原有的教学和科研大楼属于空置状态。但是，南京大学很多教师的居住地依然离鼓楼校区较近，这给推动硅巷建设提供了便利。鼓楼区推动环南大知识经济圈的规划范围约 1 平方公里，北到北京西路，南到广州路，东到天津路、小粉桥，西到上海路，主要载体为南京大学的 7 栋教学和科研大楼以及紫金山天文台原办公楼，总投入改造经费超过 2 个亿。

通过更新改造，南京大学鼓楼校区周边环境得到了有效整治，尤其是商业、办公、居住、文化等要素有机融入硅巷建设之后，环南大知识经济圈成了以软件工程与大数据、金融科技、现代服务业、大健康、文创、教育培训等六大产业为主导的环南大创新集群。特别值得一提的是，南京大学鼓楼校区以及周边整体环境得到整治以后，南京大学开启"寻根"性办学，本科一年级新生从 2022 年开始全部入住鼓楼校区，南京大学周边的商业重新走向繁荣。但是，南京大学的科研团队在环南大知识圈的转化成果并不多。

## 第四节　硅巷建设展望

通过对上述国内外硅巷建设案例的分析，在实施城市更新行动中做好硅巷建设需要从以下方面着手。

第一，科研机构深度参与是硅巷建设成功的首要前提。从国外硅巷建设的案例可以发现，不管是 MIT 还是多伦多大学都深度参与了当地硅巷的建设与运营。科研机构对科技成果的转化需求能够推动新的产业在硅巷落地，高等学校源源不断为社会培养的人才也能够满足硅巷内高科技公司对人才的需求。因此，规划建设硅巷不能够对更新改造后的建筑随意冠以“硅巷”的名称，而应当与辖区科研机构进行充分协商，集合高校或者科研院所的研究方向，确定主导产业方向。

第二，优越的地理位置可以吸引更多创新要素聚集，更好地推动硅巷发展。从上述案例剖析中可以发现，运营较好的硅巷不仅依赖于科研机构的深度投入，发达的金融资源、便捷的交通条件、便利的商业支撑以及良好的文化氛围都会影响硅巷的发展。因此，硅巷建设应当立足于主城区开展，同时注重为各类资源向硅巷汇聚提供便利。

第三，应当吸引多主体联合参与硅巷的建设。通过上述案例分析可以发现，政府部门、科研机构以及企业主体联合参与硅巷建设有利于其快速发展。从资金角度看，多主体参与可以保障硅巷建设能够获得充裕的资金供给；从运营角度看，专业的管理团队能够为硅巷内的企业提供全流程的服务；从企业成长的角度看，金融机构可以为科技企业提供资金支撑，成熟企业可以为初创企业提供市场。因此，各大城市在推动硅巷建设时，应当根据区位特点选择具有竞争力的多主体联合参与硅巷建设。

# 第九章　数字技术赋能城市更新

我国数字经济规模已经位居全球前列，数字技术的应用已经深刻地改变了城市居民的生活方式，很显然，我们已经进入数字经济时代。数字经济时代不仅对经济活动的空间有新的要求，而且会对人们的生活空间产生较大的影响。因此，本章就数字经济时代数字技术赋能城市更新的相关问题开展研究。

## 第一节　研究背景

当前，数字经济已经成为我国经济的重要组成部分，数字经济规模由 2012 年的 11.2 万亿元增长至 2023 年的 53.9 万亿元，11 年间规模扩张了 3.8 倍。[①] 互联网、人工智能及大数据等技术的持续发展以及相关政策的持续支持，对我国的产业结构升级、新经济动能的培育起着越来越重要的作用。因此，需要研究数字经济发展与城市更新的关系，通过分析数字化技术与数字经济的发展趋势，为更好地做好城市更新工作提供方案和路径。

---

① 本段数据引自中国政府网：https：//www.gov.cn/yaowen/liebiao/202409/content_6976033.htm。

## 一、现实背景

在城市更新工作中嵌入更多的数字化应用不仅是城市更新工作本身复杂性的要求，也是数字技术在规划建设领域不断发展的结果。总的来说，不断推动数字化技术在城市更新中的应用具有以下几个方面的现实背景。

第一，城市更新工作的复杂性需要数字技术。城市更新工作的复杂性既受到相关利益主体的影响，也受到多部门协同程度的影响，更受到老旧建筑自身局限性的影响，这就更加需要数字技术助力。

从相关利益主体的视角看，政府部门、开发建设主体以及业主等三方对于利益的诉求不同，这就需要对更新改造建设的成本进行合理的估算，从而让三方根据自身的利益诉求以及资金能力进行评估。以建筑信息模型（Building Information Modeling，BIM）为代表的数字技术平台不仅能够对更新改造方案进行可视化呈现，而且能够对相关的工程预算进行测算，这有利于提高城市更新过程中的透明度，促进相关利益主体合理决策。

从部门协同的角度看，城市更新不仅涉及土地管理部门，而且涉及应急管理、市政等部门，因此部门协同程度会在一定程度上影响城市更新工作推进的效率。当前，各大城市为了更好地推进城市更新工作，均成立了工作小组，但是部门之间由于管理职能等原因造成的“割裂”是不可忽视的事实，而数字技术的应用则可以通过数据互联互通把各个部门的工作进行有机协调。例如，有的城市通过建立智慧城市管理平台，促进各部门数据互联互通；有的城市通过推行各类线上工单的形式推进部门工作，部门拖延工作的现象大幅减少。

从老旧建筑自身局限性角度看，很多老旧建筑存在一些更新改造的困难。比如，老旧建筑一般分布于主城区，周边其他建筑鳞次栉比，如果进行更新改造则既要改善功能又要防止对其他建筑产生影响，这就需要通过数字化手段对更新改造方案进行反复模拟测算，利用 BIM 等技术的模拟和可视化特性更加科学地分析改造需求和确定改建的用地；再比如，受制于城市规划以及建设成本的影响，许多老旧建筑无法进行拆除重建，只能对影响安全的结构进行加固，这就需要通过数字建模以及各类传感监控设备对整个建筑进行实时监控。

第二，国家政策鼓励数字技术在城市更新工作中的应用。2020 年 9 月住房和城乡建设部公布了《城市信息模型（CIM）基础平台技术导则》[①]，并于 2021 年进行了修订[②]。修订后的导则适用于城市信息模型（City Information Modeling，CIM）基础平台及其相关应用的建设和运维，共分为 6 章，包括总则、术语和缩略语、基本规定、平台数据、平台功能、平台安全与运维。根据住建部的官方解读，新修订的技术导则重点在以下几个方面进行了修改：一是简化模型分级，按数据精细度由原来的 24 级调整为 7 级，明确 CIM 基础平台模型精细度不低于 2 级；二是优化数据构成，细化明确“一标三实”相关数据要求，增加房屋建筑普查、市政设施普查等大类数据，简化规划管理数据要求；三是精简了“平台性能”相关内容，增强了技术导则的简洁性。[③] 总的来说，该

① 该文件全文参见住建部网站：https：//www.mohurd.gov.cn/file/old/2020/20200924/W020200924023826.pdf。

② 修订情况参见住建部网站：https：//www.mohurd.gov.cn/gongkai/zhengce/zhengcefilelib/202106/20210609_250420.html。

③ 引自：https：//www.mohurd.gov.cn/xinwen/gzdt/202106/20210616_250475.html。

技术导则不仅对城市中如何使用CIM系统做了较为详细的规定，而且推动了CIM系统在城市更新工作中的应用。

事实上，在2020年9月住建部出台该技术导则之前，《中华人民共和国国民经济和社会发展第十四个五年规划和2035年远景目标纲要》就已经提出“完善城市信息模型平台和运行管理服务平台，构建城市数据资源体系，推进城市数据大脑建设。探索建设数字孪生城市”要求[①]。2020年6月，住房和城乡建设部会同工业和信息化部、中央网信办印发《关于开展城市信息模型（CIM）基础平台建设的指导意见》，要求“全面推进城市CIM基础平台建设和CIM基础平台在城市规划建设管理领域的广泛应用，带动关键技术应用和相关产业发展，提升城市精细化、智慧化管理水平。构建国家、省、市三级CIM基础平台体系，逐步实现城市级CIM基础平台与国家级、省级CIM基础平台的互联互通”。[②] 这说明，中央以及国家部委层面很早就认识到数字化对城市高质量发展的重要性，也准确把握了城市建设数字化的趋势。

综合上述国家层面有关城市建设数字化的文件来看，国家层面在以下两个方面做了较为详细的规定。第一，重视基础数据库建设。统一的数据采集标准与交换规则是实现城市CIM系统良好运转的前提，上述文件均对统一数字底座、数据库建设以及数据标准进行了规定。第二，重视CIM平台的应用场景建设。上述文件均从城市建设管理领域的示范应用以及其他行业领域的应用等角度制定了相应的政策，这也说明应

---

① 参见：https://www.xichuan.gov.cn/zl/jczwgkbzhgfh/zdlyxxgk/zdjsxm1/ghpzxx/zab6nzi3e6/content_41352。

② 参见：https://www.mohurd.gov.cn/gongkai/zhengce/zhengcefilelib/202307/20230724_773333.html。

用场景建设是CIM可以持续推进的主要动力。因此，国家层面各类政策文件的出台，将有利于CIM系统在城市更新领域的应用。

## 二、数字化在城市更新领域已有的研究

近年来，关于数字化在城市更新领域的研究得到了规划建筑领域专家的关注，科研机构与实业界也对相关话题展开了研究。大多数研究集中在两个方面。

一方面，很多人关注到数字技术应用对城市更新的作用。例如，牟琼认为，城市更新需要提升社区基础设施集约化和智能化水平，以新城建赋能城市更新，实施智慧物业、智慧社区、智慧工地与智慧建造等公共设施数字化与智能化的管理，这就需要建设社区级CIM基础平台，同时需要在CIM平台的数据底座上补齐基础设施和公共服务设施短板，提高城市管理服务水平①。方建明等认为，创建CIM之后制定新型智慧城市建设方案，可覆盖城市化建设的各个领域，采集数据信息后深入挖掘分析，总结对新型智慧城市建设有利的决策，不仅可以提高城市更新效率，还能带动国民经济发展②。宋兵等总结了浙江省未来社区历经三年的探索实践，研究发现综合利用数字化技术、数字化思维、数字化认知进行未来社区数字化建设的理念已经深入人心。随着实践经验的总结及各类政策文件的出台，目前数字化建设走出混沌，进入有序，并逐步成为必然。这些必然包括：如何通过数字化更好地服务人民群众，真

① 牟琼. 城市更新类型特点与CIM平台研究思考［J］. 中国建设信息化，2022（9）：72－74.

② 方建明，刘明，朱泽彪. 城市更新背景下基于CIM的新型智慧城市建设和运用分析［J］. 智能建筑与智慧城市，2022（5）：163－165.

正让数字化对群众而言可感可知、管用好用实用；如何通过数字化促进基层社区创新治理模式升级，真正实现社区治理能力的现代化；如何借助数字化推动未来社区建设运营模式升级，真正走出一条市场化、可持续的未来社区建设运营之路①。朱亦锋认为，信息化新技术为城市更新提供了动力，催生了大量的智慧化应用，推进城市更新工作需要结合城市信息基础设施升级改造，分析智慧化应用新场景，提出智能化系统升级与改造方案，并通过数字化平台对城市更新工作进行动态管控，起到全生命周期管理的作用，是至关重要的②。李佳晨等认为，城市是开放的、自适应的复杂巨系统，城市更新是复杂的系统工程，只有实现数字化，才能以科学的方法减少城市更新中的失误。建筑行业的数字化转型是在数字化、网络化、信息化、区块链、智能化的基础上，以 BIM 为工具，在云平台上整合全产业链，通过虚拟建造和实体建造的深度融合，实现建设流程的再造③。陈新雨认为，数字化技术可以为城市更新中主要土地利用、建筑改造等方面提供重要支撑。首先，数字化技术为智慧城市更新项目提供更加精确和高效的规划和设计方案，通过数字建模技术来模拟建筑物的改造效果，以帮助决策者做出更合理的决策。其次，数字化技术可促进城市管理的智能化，提高城市运营效率和居民生活质量。最后，数字化技术可以改善居民的居住体验，如通过智能家居

---

① 宋兵，杨沛然，沈洁，等. 城市更新与未来社区——人本化、生态化、数字化 [J]. 建设科技，2022 (13)：35－39＋43.

② 朱亦锋. 新形势下城市更新数字化平台建设的初步探索与思考 [J]. 上海房地，2022 (9)：57－62.

③ 李佳晨，杨明尉，何宛余，等. 城市更新与数字化 [J]. 建设科技，2023 (13)：18－22.

系统来提升住宅的舒适度和安全性①。马中原认为数字化技术在城市更新中的应用与发展已经成为趋势，随着技术的不断进步和应用的不断深入，数字化技术将为城市的发展和改善带来更多的机遇和挑战。数字化技术也可以促进城市的可持续发展。例如，数字化技术可以实现城市能源的智能化管理，提高能源利用效率，减少能源浪费。同时，在城市更新中，数字化技术可以提高城市的智能化水平，提高城市的管理和服务质量。例如，物联网技术可以实现城市设施的智能化管理，人工智能技术可以提高城市交通的效率，区块链技术可以提高城市数据的安全性和可信度②。

另一方面，很多学者对城市更新工作中可使用的数字化技术进行了探讨。例如，赵文凯等通过中心城区大型医院改扩建项目更新改造的案例分析了 BIM 技术的应用场景，其认为医院存在场地狭小、周边环境复杂、原有院区功能分区不适应需求、流线设置急需优化、功能可拓展性差等问题，通过案例分析表明，BIM 技术的应用对医院建筑的方案决策、设计优化、精益施工等都具有重要价值，能进一步提升医院建筑的可持续性以及最终的用户友好性③。刘亚非等依据 BIM 技术应用现状和城市更新项目的特点，从西安幸福林带项目的项目决策、规划设计、工程施工和运营维护等各阶段入手，探索 BIM 技术在幸福林带项目全生命周期中的具体应用。研究表明，BIM 技术对于建设项目规划、设

---

① 陈新雨. 数字化技术在智慧城市更新中的应用探讨［J］. 新城建科技，2024，33（7）：25－27.

② 马中原. 数字化技术在城市更新中的应用与发展［J］. 建筑设计管理，2024，41（2）：70－75.

③ 赵文凯，吴锦华，顾向东，等. 城市更新导向下的中心城区大型医院改扩建项目 BIM 应用研究［J］. 建筑经济，2018，39（9）：40－43.

计、施工及运维等各阶段都具有一定的革新意义，提高了项目的建设管理效率。对于工程规模大、复杂程度高、建造难度大以及协同要求高的城市更新项目，BIM 技术的应用具有较大的优势，BIM 技术的全面推广应用是技术进步的必然结果[①]。张继鹏等就 BIM 技术与 GIS 技术融合展开了研究，他们认为，目前大部分的“BIM＋GIS”应用方法依然停留在理论构建的层面，由于 BIM 技术规范和标准不完善、数据交换受限等，“BIM＋GIS”应用方法无法在城市更新项目实践层面实现预期的价值，甚至无法落地应用。因此，需要进一步完善 BIM 模型轻量化、BIM 模型与 GIS 平台匹配度、BIM 单体之间的链接网络表示、三维数据坐标转换、三维空间数据标准完善、多终端支持“BIM＋GIS”等功能[②]。石潇等以金洲、冲尾两个自然村更新改造为例，研究了 CIM 平台在广州城市更新改造中的应用。他们认为，当前 CIM 技术在宏观发展与管理统筹层面已有较多探索，尤其是智慧园区、城市的应用落地在国内已有诸多成功案例，但 CIM 在中、微观针对实践工作层面的应用探索上仍有不足，尤其是在某单一行业领域中的深度实践极度欠缺。具体实践中还有三个方面可以改进：一是在提升项目编审效率的同时规避行政风险；二是保障方案编制与方案实施协调、统一；三是协助更新项目建设监管[③]。汪科等概述了 CIM 的内涵、意义等，并从城市感知、海量数据汇聚、标准体系、基础平台以及应用体系方面构建了基于

① 刘亚非，辛田. BIM 技术在城市更新项目中的探索应用——以西安幸福林带项目为例［J］. 智能建筑与智慧城市，2019（3）：50－52.

② 张继鹏，丁晓欣，张春朋. 基于 BIM＋GIS 技术的深圳市城市更新智慧化管理研究——以“工改工”拆除重建类项目为例［J］. 上海房地，2020（9）：19－23.

③ 石潇，钟琳，刘娴. 城市信息模型 CIM 平台在广州城市更新改造中的应用——以金洲、冲尾自然村更新改造为例［J］. 城市建筑，2020，17（23）：9－12.

CIM平台的新型智慧城市的服务应用框架。此外，他们还从应用尺度和应用阶段解析了基于“CIM+应用”的智慧城市应用。例如，以CIM平台为桥梁，协同城市规划、交通、市政、建筑、道桥、园林、公共安全各领域，整合不同领域的规划、历史、现状的多源数据和信息，有助于构建全面的城市数据空间资产①。孟圆真等就城市更新背景下“BIM+VR+ECO”技术结合展开研究，他们认为BIM结合VR技术可以让使用者切身体验建筑、感受空间；Ecotect软件可对建筑性能进行分析，减少建筑物能耗②。宋占钰等针对城市更新背景下基于CIM的新型智慧住建建设和应用展开探索，其研究表明，通过建立统一的标准化体系，城市中多元的信息都汇聚到了CIM平台中，并在该平台中对数据进行采集、处理和汇总，在对数据进行全流程治理的同时，也可以借助于三维可视化、空间分析来获得有力的支撑。在具体使用中需要对现有平台进行整合，同时要构建行业内的各种业务和应用，最终形成相应的应用场景③。陈超以CIM和新型智慧城市概述为切入点，分析了城市更新背景下新型智慧城市的升级、基于CIM的新型智慧城市建设方案及路径，探讨了结合城市建设、城市运营及城市更新实际的应用建议。其研究表明，作为新型智慧城市建设的信息基础设施，CIM能为城市的规划、建设提供可靠方案，从而解决信息孤岛问题，提高城市的治理能力④。

---

① 汪科，季珏，王梓豪，等. 城市更新背景下基于CIM的新型智慧城市建设和应用初探［J］. 建设科技，2021（6）：12－15.

② 孟圆真，赵志青，惠越. 城市更新背景下BIM+VR+ECO技术结合研究［J］. 城市建筑，2022，19（12）：189－192.

③ 宋占钰，李涛，李英哲，等. 城市更新背景下基于CIM的新型智慧住建建设和应用探究［J］. 通信管理与技术，2022（1）：31－33.

④ 陈超. 基于CIM探析城市更新背景下新型智慧城市建设［J］. 城市建设理论研究（电子版），2023（7）：170－172.

娄东军等认为，CIM 系统可以融合监管系统、人防审查系统、消防设计审查系统、预售系统、物业管理系统、租赁备案系统等相关系统的数据，串联城市更新改造前、中、后期全生命周期流程管理，实现城市更新全链条、全项目、全类型、全流程、全业务数据的集约化管理和展示①。倪鸣以中国上海、北京和日本东京为例，深入探讨了 BIM 在城市更新中的应用，其认为 BIM 能够整合地理信息和模拟规划方案，优化土地利用并提高施工效率和质量。但是，信息共享、技术标准和团队协作等方面仍面临挑战②。俞兆辉认为，BIM 技术通过三维建模、信息集成、实时更新和数据分析，确保了项目全生命周期的管理，并提高了项目整体的经济性和可持续性。研究结论表明，BIM 技术的广泛应用能够显著提升城市更新项目的整体效益，为现代城市建设提供科学、高效的管理模式和技术支持③。嵇赛克研究了 BIM 技术在老旧小区改造工程中的应用情况，其通过多个案例的研究表明，采用 BIM 技术的项目能够节约 5%～10%的成本，这主要得益于施工流程的优化、管理效率的提升以及材料利用的改进。BIM 模型的精确计算，实现了对钢材和水泥等关键材料的精确控制，节约了约 15%的钢材和 20%的水泥，施工周期能够缩短 20%④。黄绮雯认为 BIM 技术将模拟施工流程，优化施工计划，减少冲突与返工，还能精确管理材料、降低成本，同时实现多

---

① 娄东军，唐柱鹏，江朝勇，等. 基于 CIM 的城市更新应用场景探索［J］. 中国建设信息化，2023（19）：21－24.

② 倪鸣. BIM 建筑信息模型在城市更新中的应用研究［J］. 未来城市设计与运营，2024（3）：53－55.

③ 俞兆辉. BIM 技术在城市更新项目中的应用研究［J］. 新城建科技，2024，33（9）：34－36.

④ 嵇赛克. BIM 技术在城市更新旧改中的应用研究［J］. 价值工程，2024，43（20）：81－83.

专业协同管理，从而提升施工效率。在后期维护阶段，BIM 成为资产管理与运营优化的得力工具，有利于优化能耗、降低运营成本，从而提升居住品质①。

## 第二节　数字经济对城市更新的意义

旧城区往往存在基础设施建设水平落后、空间布局不合理、规划起点低等问题，这使得旧城区的通信、互联网等基础设施难以布局，基于上述情况，相关的应用场景也很难展开。但是，在实施城市更新行动的过程中，数字经济的发展会大有作为，数字经济在城市更新中有以下四个方面的作用。

### 一、数字经济重塑旧城区商业发展格局

如前文所述，随着人们对旧城区居住条件的满意度逐渐下降，很多城市居民为改善居住条件等，会逐步搬迁至新城区，旧城区由于人口流失，商业活动区域会逐渐衰败，而这又将进一步影响人们在旧城区生活的意愿。但是，数字经济会提升商业区域的收益，促进传统商业设施从衰落回到繁华，从而吸引人口重回旧城区。

一方面，数字经济的发展会助力城区商业突破“门槛效应”。由于房租以及其他日常经营成本等，商场或者其他商业活动区域往往存在“门槛效应”，也就是说商家必须在一定时间段内拥有最低规模的消费人群，否则将长期处于盈亏平衡点以下而不得不退出经营。随着时代的发

① 黄绮雯. 城市更新视角下老旧小区改造中 BIM 技术的应用［J］. 中国建筑装饰装修，2024（18）：63－65.

展，旧城商业区域的地价或者租金逐渐上涨，而由于建筑物老化等，旧城区居住的人群会逐步减少，这就使得旧城区的一些商户很难维持最低销售规模，最终因为“门槛效应”退出经营。而商户退出经营又会进一步造成旧城区商业衰落，从而更加不利于人群在旧城区集聚。但是，数字经济的发展有效地改善了商户的经营状况。近年来，以“外卖”为代表的新行业的发展，使得很多商户可以在维持经营面积不变的情况下，获得更多的订单，从而能够维持较为合理的销售规模，不会因为“门槛效应”而退出经营。

另一方面，数字经济有助于旧城区引入新的商业形态。商业模式创新有利于在既有的商业活动区域引入新的商业形态，从而促进商业活动区域持续繁荣。近年来，数字经济的发展带来了很多新的商业形态，为旧城区的繁荣提供了有力的支撑。比如，直播带货行业的发展，使得很多青年人租用较小的场地即可以开始进行相关的工作，而旧城区公共交通设施较为发达、通勤较为方便，从事直播带货行业的青年人更愿意生活在旧城区，这促使青年人群不断向旧城区集聚。再比如，数字经济的发展使得很多创意产业能够跨地区、跨时空协同进行，很多创意设计行业不需要租用较大的办公空间或者高档的办公楼宇开展经营活动，旧城区租金较低的小型办公区域就变得更受青睐，这也促进了青年人向旧城区集聚。所以，数字经济的发展能够有助于旧城区引入新的商业形态，促使青年人群向旧城区集聚。

## 二、数字技术应用提升城市居民的安全感

在城市更新工作中大量使用数字技术，会提升对老旧建筑与老旧基础设施的监控检测能力，这将会提升城市居民的安全感，为统筹安全与

发展两件大事提供支撑。

从建筑物更新的角度看，我国很多大城市旧城区的建筑集中建设于20世纪80年代甚至更早，很多建筑物设计标准、建造标准较低，甚至一些建筑物对应的设计施工图纸已经丢失，久而久之，旧城区建筑物可能存在安全隐患。在旧城区更新改造过程中，首先需要对建筑物的安全性进行评估，并制定综合性的加固改造方案，从而确保城市居民生活、就业等各方面的安全。但是，对建筑物进行安全性评估或者说对建筑物进行“体检”并非易事，因为很多建筑物复杂的结构或者隐蔽的空间很难由工作人员进行实地检查评估。而近年来，数字技术的广泛应用使得这项工作变得容易实施。建筑师可以通过各种探伤设备、测量设备对建筑物进行全面的体检。

从基础设施更新的角度看，城市居民的安全感与基础设施安全紧密相关。近年来，一些城市出现道路塌陷、燃气管道爆炸等安全事故，主要原因在于基础设施没有得到较好的维护，更没有进行全面更新。因此，在城市更新工作推进过程中，需要对各类管线、道路、桥梁进行全面的监控检测，从而适时开展基础设施更新工作。例如，“数字孪生”技术的应用使得建筑工人可以通过数字化手段对相关基础设施进行“建模”，从而能够更好地对市政基础设施的运营状况进行检测。再比如，可以通过加装各类传感设施，对基础设施领域可能出现的安全事故进行预警，或者在事故发生后能够在较短时间内通知应急管理部门，使人民群众受到的伤害以及经济损失降到最低。

### 三、数字技术应用有利于城市文化传承

城市发展过程中，各类建筑、各类地标都是城市居民的美好回忆，

也是城市文化的一部分，城市中的名胜古迹更是一个城市的文化标志，这就需要在城市更新过程中注重保护城市中的名胜古迹以及那些承载城市居民共同记忆的建筑。但是，上述老旧建筑有很多原因没法进行大规模更新，或者修缮更新后很难再向城市居民开放，这就需要通过数字技术的应用辅助城市更新工作，提高文化影响力。

一方面，数字技术的应用可以扩大城市文化的传播范围。数字技术的应用可以依赖于网络促使城市文化标志迅速传播，而且由于其能够直接呈现在人们的手机终端，给人们留下的印象也更深刻。近年来，很多城市把其标志性的历史建筑制作为卡通形象，通过各类公众号与小程序进行传播，产生了较好的宣传效果。

另一方面，数字技术的应用可以增强城市居民的体验感。例如，以VR 技术为代表的数字化新手段可以通过建模再还原的方式，让人们不需要实地走进历史建筑，便可以身临其境感受城市的名胜古迹，能够更好地促进文化传承。而且，在城市更新过程中，各类数字化的视频或者产品逐渐形成，还可以走进中小学课堂，提高青年学生对传统文化的兴趣，促进传统文化在青年学生中的传承。

## 四、数字技术应用有利于旧城区秩序管理

当前，我国常住人口城市化率已经接近 70%，全国大部分人口均在城市生活，因此，城市管理工作显得非常重要。以智慧城市建设为代表的数字技术在城市中的应用场景已经不断迭代，为交通、养老以及城市安全等领域的管理工作提供了便利。

由于旧城区在规划建设时我国机动车保有量较低，很多旧城区道路较窄、停车位供给不足，基本面临交通拥堵的问题。数字技术在交通管

理领域的应用可以有效提高交通部门的管理效率，从而缓解主城区交通拥堵的问题。近年来，很多城市交通管理部门对不同时间段的车流量进行预测以调节交通信号灯，以及对交通设施进行微更新，从而提升交通通行效率；很多城市也通过对不同小区所在片区的停车位进行统筹管理，促进小区车位共享，从而解决停车位不足的问题。

数字技术在政务系统的广泛应用也使得城市交通拥堵的情况得到了缓解。在城市发展初期，为了便于不同区域的城市居民办理相关事务，政府部门一般都分布在旧城区中心区域。政务服务的数字化，使得城市居民可以在线上办理很多事项，各类人员向主城区通勤的频率不断降低，缓解了旧城区交通拥挤的情况。

数字技术的应用还有助于降低犯罪率，提升居民在城市生活的安全感。城市中较高的人口密度使得很多区域存在监管盲区，有可能滋生犯罪等现象，这就需要通过网格化管理不断提高社会治理水平。但是，推动城市网格化管理需要较多的人手，而数字技术的应用可以通过各种监控设备以及大数据计算平台对不同的区域进行实时监控，并对可能出现的危险进行预警。

## 第三节　数字经济时代城市更新的主要内容

数字经济时代的城市更新是指在城市更新过程中嵌入各种数字技术，为城市管理效率的提升奠定坚实的基础。在数字经济时代，开展城市更新工作主要包含以下三个方面的工作。

### 一、旧城区数字基础设施建设

很显然，如果要在旧城区实现较大规模数字技术的应用，首先需要建设数字基础设施，否则任何数字技术的应用场景将是无根之木。旧城区由于建设年代久远，其传统基础设施建设水平较低，数字基础设施建设水平则更低，这就需要有关部门与通信运营商联合开展调研工作，为老旧城区基础设施建设提出科学规划并共同建设。

旧城区更新改造应当重视通信基础设施建设。互联网、5G 通信以及数据中心等通信基础设施是数字经济发展的前提，但是旧城区面临通信基础设施供给不足的问题。在互联网已经普及的今天，一些老旧小区还存在没有光纤入户、“带宽”不足的问题，这会影响青年人在旧城区居住的意愿。一些老旧小区由于建筑物布局不规整且楼道较为复杂，5G 信号受到了较大的影响，居民使用移动终端时体验感不好。但由于旧城区建筑物空间受限，布局数据中心也几乎不可能。所以，需要在城市更新过程中，让运营商等数字基础设施供应者参与更新方案制定，对数字基础设施布局提出科学可行的方案，并让其能够在恰当的阶段参与城市更新工作。

旧城区更新改造应当重视监控设施建设。如前文所述，随着大城市人口规模不断扩大，尤其是接下来人口向大城市集中的趋势会不断增强，大城市的管理难度将不断提升。而旧城区由于建筑布局不合理、建筑物老化等，安全隐患比新城区多一些，因此需要通过大量的监控设施来提升城市管理能力。大量安装监控设施可以在以下三个方面提升城市管理能力：第一，能够及时发现安全事故，便于救援人员第一时间赶赴现场，保护人民群众人身安全并减少财产损失；第二，能够有效防范城市中的犯罪行为，为城市居民平安生活提供保障；第三，能够通过对异常画面的分析预判城市中可能发生的险情。

## 二、老旧建筑设施数字建模

城市中的老旧建筑与管道等基础设施虽然可以通过加固、重建等方式进行更新，但是由于其规划建设水平较低，依然存在安全隐患。因此，需要通过数字化的手段对老旧设施进行建模，通过物联网等手段将城市中的建筑以及基础设施信息进行汇总，从而便于对城市建筑物进行监测。

在城市更新工作中，一方面，需要推动施工单位通过 BIM 技术为老旧建筑以及管道设施建模。BIM 技术能够通过为建筑物或者基础设施建立三维模型的方式对建筑物进行全方面监管，不仅能够提高老旧建筑的改造效率，而且便于后期建筑物的维护。

另一方面，需要通过 CIM 技术构建智慧城市模型。CIM 技术可以综合 BIM 技术、GIS 技术等先进的数字化技术，将需要监测的建筑与管道进行联网，提高对潜在安全事故的防范能力。

## 三、打造数字技术应用场景

在城市更新工作推进过程中，不仅需要上述数字基础设施，而且需要打造更多的应用场景，这样才能够引入更多的市场主体参与城市更新。当前，在城市更新工作推进过程中，以下应用场景受到了市场主体与政府部门的关注。

第一是大力推动建设协同应急管理场景。地方政府的应急管理部门是预防和处置应急突发事件的主要管理机构，但是应急管理方面的事务仅仅依靠应急管理部门无法达到预期的效果，这是因为城市管理面临的事务纷繁复杂，城市中各类人群、各类商户以及各类企业都可能对城市安全运转产生影响。这就需要通过数字技术的广泛应用打造一个多主体接入的应急管理平台，不断降低各类风险。安全生产等工作是城市居民安居乐业的必要条件，因此，应急管理部门可以通过强制性手段要求城市更新后加装的针对各类建筑的监测系统接入统一的监管平台，也可以在更新方案审批过程中对旧建筑施工方案介入管理。

第二是打造关于“一老一小”的应用场景。当前，我国人口老龄化与少子化并存，各级各地政府均在“一老一小”领域密集出台了很多政策，而由于旧城区交通便利、教育资源与医疗资源丰富，很多老年人与拥有低龄小孩的家庭会优先选择在旧城区生活。因此，在旧城区更新改造过程中要为“一老一小”提供更多的应用场景。例如，老年人与幼儿需要安全照料，这就需要通过监控网络及时关注老年人与幼儿的生活状态，在出现危险或者突发情况时能够及时通知到社区工作人员以及青年人。因此，在旧城区城市更新中，需要通过数字技术打造对老年人与幼儿的照料场景，而这也会受到城市居民的欢迎。

第三是打造社区商业消费场景。数字技术应用已经深深地改变了商业消费的模式，在线消费、VR 消费等形式逐渐被人们接受，新的消费场景既能够改善城市居民的消费体验，也能够提升旧城区商家的营业额。由于旧城区很难新建大型消费综合体，社区商业消费场景的打造就显得尤为重要。但是新的消费模式需要新型基础设施的支撑，也需要依赖于城市社区的传统基础设施条件的改善。例如，可以为社区范围内的线上消费安装快递柜等，助力社区商业消费场景打造。

## 第四节　数字技术应用于城市更新的典型案例

近年来，全国各地都很重视数字技术在城市更新中的应用，涌现了一些经典案例，本节选择上海、广州以及南京三个城市从不同角度进行剖析。

### 一、上海市关于城市更新数字化的案例

作为全国经济体量最大的城市，同时也是建设起步较早的城市，上海市面临的城市更新任务较重。上海市有关部门在全国层面较早地推动数字化转型与城市更新的相关工作。

自 2020 年开始，上海市关于城市建设数字化发布了三份重要政策文件。2020 年年底，中共上海市委、上海市人民政府公布了《关于全面推进上海城市数字化转型的意见》；2021 年，上海市发展和改革委员会发布了《上海市促进城市数字化转型的若干政策措施》；2022 年，上海市人民政府办公厅印发了《上海城市数字化转型标准化建设实施方案》。[①] 上海市的社会团体也积极推动城市更新数字化，2023 年 10 月 14 日，由上海市可持续发展研究会国际标准化专业委员会发布的团体标准 T/SSSC001—2023《面向数字化转型的城市更新建设指南》正式实施。

从 2020 年到 2022 年，上海市政府部门公布的三份有关城市数字化转型的文件为上海市在新的发展阶段如何在城市更新建设过程中做好数

---

① 以上文件参见上海市科学技术委员会：https：//stcsm.sh.gov.cn/xwzx/zt/shcsszx/index.html。

字化转型提供了框架性的指导意见。上述三份文件从以下几个方面做了详细的规定。

第一，确立了城市数字化转型的意义与目标。上海市出台的政策开宗明义，推进城市数字计划转型是为了践行“人民城市人民建，人民城市为人民”的重要理念，积极抓住数字经济时代的发展机遇，深刻把握超大城市复杂巨系统新特征，推动上海数字经济核心产业增加值、上海在国内外的数字规则话语权、城市治理能力进一步提高，加快建设具有世界影响力的国际数字之都。推动城市数字化转型的意义体现在通过生活数字化转型提高城市生活品质、通过推动治理数字化转型提高现代化治理效能、以数据要素为核心形成新治理力和生产力、以数字底座为支撑全面赋能城市复杂巨系统以及重构数字时代的社会管理规则等多个方面。

第二，确立了城市数字化建设的标准。上海市重视标准化建设，提出要构建城市数字化转型标准体系和政府与市场并重的标准供给机制。构建城市数字化转型的标准，其关键在于数据采集与交换的标准，上海市的政策文件聚焦精准，提出要完善支撑全局的基础标准，要研制通用基础、数据基座、支撑能力、数字安全、数字信任等标准。不仅如此，上海市还提出聚焦市场主体的需求，着力推动科技、金融、商贸、航运等领域的标准研制与推广应用。

第三，着力搭建城市数字化应用场景。上海市的上述文件很明显的特征是围绕城市高质量发展推动城市数字化转型，其落脚点之一就是聚焦市场主体，促进社会经济与民生事业的进一步发展。例如，上述文件提出要围绕线下和线上支付、硬钱包、交通出行、政务民生等数字人民币应用场景，支持相关主体通过申报本市新型基础设施建设项目贴息；

推进市级医院、区域性医疗中心全面开展“互联网＋”医疗服务；完善养老服务数字化标准；等等。

由上海市可持续发展研究会国际标准化专业委员会发布的团体标准 T/SSSC001—2023《面向数字化转型的城市更新建设指南》对于促进城市更新向数字化转型迈进具有重要的作用和意义①。该标准提出了城市更新建设的六大核心原则：以人为本、数字赋能、协同参与、灵活弹性、保护创新、绿色安全。该标准还针对城市更新涵盖的体检评估、方案、规划设计、建设实施、运营管理等5个阶段对城市更新如何使用数字化手段提出了指导性意见。在体检评估阶段，该标准提出要利用 GIS、数字孪生等数字技术对城市更新区域进行空间分析、建立城市更新指标体系的信息平台等。在更新方案阶段，该标准明确要求将数字化转型作为城市更新方案的重要内容之一，包括数字化设施、设备和系统的发展策略、建设要求，以及建设时序等内容。在规划设计阶段，该标准提出了利用大数据分析、人工智能等数字技术，为规划设计方案提供支撑，以及使用如数字孪生技术、三维可视化、VR（虚拟现实）和 AR（现实增强）等数字技术向公众展示规划设计方案等数字化技术要求。在建设实施阶段，该标准提出了使用 BIM、大数据、5G、人工智能、云计算和物联网等数字技术，实现施工图纸等内容的信息化。在运营管理阶段，该标准提出了利用如 5G、人工智能、云计算和物联网等数字技术，提高城市设施的智能化管理程度，从而促进相关方参与运营管理和社会治理。

除通过指定政策鼓励数字技术在城市更新中的应用外，上海已经于

① 孟凡奇，康国虎，陈鹏. T/SSS C001—2023《面向数字化转型的城市更新建设指南》解读 [J]. 质量与认证，2024 (6)：52 - 54.

2023年、2024年连续两年举办了“上海市城市更新数字化大会”，通过研讨会的形式推动城市更新中的数字化转型。首届上海市城市更新数字化大会围绕“数字技术赋能城市更新”展开交流，正式启动上海市城市更新研究会数字化工作委员会筹备及“上海城市更新数字化技术规程”团体标准编制。第二届上海市城市更新数字化大会展示了诸多城市更新数字化项目的成果，同时举行了上海市城市更新研究会数字化工作委员会的成立仪式。此外，城市更新大数据平台2.0版本也在本次会议上发布。两次城市更新数字化大会让参与者对城市更新的数字化成果有了更全面的了解，也引发了在城市中更大范围内推动数字化转型的思考。

## 二、广东省广州市CIM基础平台建设项目

住建部在2024年年初发布了全国范围内第一批城市更新典型案例，其中广州市的案例顺利入选，该案例是首批28个典型案例中数字化技术在城市更新工作中应用的典范。①

广州市CIM基础平台建设项目于2021年正式发布，累计投入约1.2亿元，以制定CIM标准体系、构建超大城市数字底板、开发CIM基础平台、开展“CIM+”应用为主线，搭建全市城市建设一张三维底图，并开展“CIM+工改”“CIM+智慧工地”等多项应用探索，城市智慧化管理和精细化治理水平大幅提升。其主要做法涵盖以下三个方面。

第一，搭建高效的CIM基础平台。广州市通过多种措施研发高效CIM数据引擎、CIM轻量化渲染等技术，搭建了涵盖BIM轻量化功

① 本案例引自住建部公布的全国城市更新典型案例：https：//www.mohurd.gov.cn/gongkai/zhengce/zhengcefilelib/202401/20240130_776439.html。

能、CIM 数据引擎、数据管理子系统、运维管理子系统等智能化 CIM 基础平台，从而实现城市尺度、街区尺度和建筑构件尺度多源异构数据的实时融合表达。

第二，汇聚多源数据。广州市构建了全市域 7400 多平方千米的三维地形地貌和城市建筑白模，重点区域 1300 平方千米的三维现状模型和 1900 余个 BIM 单体，汇聚地下管线、房屋建筑等数据，形成包含 26 个部门的信息共享目录，推动时空基础数据、资源调查数据、规划管控数据、工程建设项目数据、公共专题数据、物联网感知数据等数据资源共建共享。

第三，打造“CIM+”产业体系。广州市积极组织多方力量开展城市更新应用、智慧琶洲“规设建管运”全生命周期综合应用示范，培育基于 CIM 的核心产业、关联产业和应用产业三大类产业链。以广州设计之都二期和黄埔区新一代信息技术创新园为领建园区，拓展 4 个关联园区，打造广州市“新城建”产业与应用示范基地“2+4”产业版图。

广州环市东商圈的更新改造就是 CIM 技术在城市更新中的典型应用案例。① 环市东商圈位于广州市越秀区，是 70 年代开始建设的广州首个商务区，范围约 225 公顷，南至东风东路、西至小北路及越秀北路、东至先烈南路、北至广州东站—广州火车站联络铁路。环市路（地铁 5 号线）、东风路（地铁 13 号线）均为城市“大动脉”，商圈内设有省市机关单位、大型公立三甲医院、花园酒店（历史风貌建筑）、白云宾馆（历史风貌建筑）、地铁换乘枢纽等城市重大基础设施和民生公共

---

① 关于环东市商圈的案例参考：CIM 平台赋能城市更新——以环市东商圈 CIM 平台为例 [J]. 中国建设信息化，2022 (7)：41 - 45；吴翔，笞恒诚，吴家友，等. CIM 平台赋能城市更新的探索与实践 [J]. 国企管理，2022 (21)：92 - 93.

服务设施，是广州公共服务最集中、国际贸易最活跃的区域之一。2020年6月，越秀区政府委托珠实集团作为片区更新策划主体，推动环市东商圈更新有关前期工作。

珠实集团旗下广州城市更新集团有限公司携手珠江外资设计院搭建了环市东商圈东启动区 CIM 数字平台，并结合城市更新项目审批要求、流程、企业决策等多个维度，进一步开发了支撑片区改造成本核算、居民改造意愿征询、权属人拆迁谈判、安置房智慧设计和项目档案数字化管理“五位一体”的片区 CIM 数字化管理平台，为广州“心脏手术”保驾护航。

根据《广州市城市更新基础数据调查和管理办法》的要求，环市东商圈 CIM 平台通过物业权属查册、现场测绘、权属人访谈等多种途径，实现了环市东商圈东启动区约 5300 户居民，以及片区市政基础设施和公共服务设施的建筑情况、权属情况、拆迁安置意愿等多个维度的信息全覆盖。同时，根据收集到的居民改造意愿、安置倾向、教育情况以及土地出让金历史缴纳情况等数据，CIM 平台以“达到供地条件”的目标为导向，按规划用地边界进行智能统计和分析，实现“地块—楼栋—户”三个层次敏感项、风险项、决策项排查，为后续项目拆除范围划定、方案编制、户型设计、项目实施、建设时序提供依据。

环市东商圈改造 CIM 平台将地籍、户籍、用途、空间位置、评估价格、市场价格等数据关联至不同层级的模型，实现了城市更新项目全流程的基础数据、补偿标准、证件资料、谈判记录等电子档案的归档和数据关联。核心材料缺失可自动预警，且无法进入下一环节工作，最大程度地保障了项目的资料完整性、流程合规性、数据准确性和过程可追溯性，大大提高了片区改造成本计算的准确性和公平性，大幅降低了政府决策难度和风险。

### 三、南京大报恩寺遗址博物馆“元宇宙”应用案例①

南京大报恩寺是中国明代著名的皇家寺庙，位于南京市中华门外古长干里——这里是南京城的发祥地。古金陵大报恩寺是明成祖朱棣为纪念其生母所建。工程自公元1412年始建，历时19年基本建成。古报恩寺内五彩琉璃塔高约78米，9层8面，琉璃塔因塔体全部用白石和五色琉璃瓷砖砌成而得名。琉璃塔以五色莲台为基座，塔体自下而上逐层缩小，每层的覆瓦、拱门均用赤、橙、绿、白、青五色琉璃贴面。拱门用五色琉璃构件拼接而成，上有飞天、雷神、狮子、白象、花卉等图案，造型生动，制作精美。塔顶有黄金制成的宝顶，下面有9级“相轮”，之下为“承盘”。塔顶和每层飞檐下都垂悬金铃鸣铎（风铃）152只，金铃闻风而鸣，禅意阵阵。金陵大报恩寺塔是明代初年至清代前期南京城最负盛名的标志性建筑，永乐皇帝赐封该塔为“第一塔”，被西方人誉为“中世纪世界七大奇观”之一。1856年，金陵大报恩寺和琉璃塔毁于太平天国战火。

在金陵大报恩寺公园修复方案讨论过程中，由于原址位于南京市主城区而空间有限，有人建议异地重建琉璃塔，但是最终方案依然选择在原址建立遗址公园。为了更好地向公众展示大报恩寺的各类珍宝遗址，南京大报恩寺遗址博物馆在其微信公众号开通了“元宇宙”通道，也在其网站开通了VR参观通道，让全国各地不能身临其境的游客可以线上

---

① 本案例参考了中新网的报道（https：//www.chinanews.com/cul/news/2010/06－12/2339424.shtml），以及南京大报恩寺遗址博物馆的官方网站（http：//www.dabaoensi.com/service/index-overview）。

游览，有利于更好地传播传统文化。南京大报恩寺遗址博物馆网站 VR 参观通道提供了公园内经典场景的参观通道，诸如大报恩寺塔、长干佛脉、千年对望、地宫圣物、舍利佛光、千年地宫等场景。在其微信公众号提供的“元宇宙”参观通道中，游客可以设定虚拟角色，由虚拟导游带领游览博物馆；游客还可以担任智能馆长，自行学习各类与大报恩寺有关的知识图谱、历史知识等。

南京大报恩寺遗址博物馆通过多种数字化手段将其文物景观以及历史知识进行呈现，不仅能够让游客收获更好的体验感，而且有利于提高遗址的知名度，同时有利于广大中小学生在线体验我国悠久的历史文化。大报恩寺遗址博物馆的数字化探索工作为全国其他历史遗址的更新工作提供了参考，而且城市中一些非文物保护单位也可以通过 VR 等技术向城市居民进行更好的呈现，这对于保留旧城区原住民的历史记忆具有积极的作用。

## 第五节　政策与建议

如前文所述，我国经济已经进入数字经济时代，数字技术已经影响了城市中的方方面面，各类新的应用场景不断涌现。很显然，城市更新工作不可能脱离数字经济的宏观背景。以上海为代表的城市已经非常重视数字技术应用在城市更新中的作用，其他城市也有一些应用案例。接下来，为在数字经济时代更好地推进城市更新工作，需要在以下三个方面持续发力。

第一，在城市更新工作中加大对数字技术应用的支持力度。住建部以及其他参与城市更新的政府部门是城市更新相关方案的主要推动者，因为成本等实际情况，一些更新主体可能会避免投入数字基础设施，这就需要政府部门出台相应的政策加大支持力度。例如，对于涉及建筑安全的数字化投入，政府部门可以通过强制规定辅以补贴的形式，促使参与城市更新的主体加大城市数字化投入的意愿。

第二，促进城市中数据互联互通，为城市治理助力。在城市更新工作中加大数字化投入已经得到了多方面的认可，但是如果仅仅通过BIM等技术对老旧建筑进行建模，则无法通过统一的数字系统对城市建筑的运行状况进行系统监测，这有可能忽略潜在的风险、隐患。所以，需要借助我国大力发展数字经济的机遇，推动城市中关于建筑物与基础设施的数据互联互通，为提升城市现代化治理能力提供支撑。

第三，通过多种措施引入更多的市场主体参与城市更新工作中的数字化建设。如前面章节所述，城市更新工作面临资金筹集的问题，在城市更新工作中增加更多的数字基础设施需要更多的资金投入。很显然，政府部门不可能为各类城市更新提供全部资金，这就需要引入更多的市场主体参与城市更新工作中的数字化建设。接下来，需要把能够产生稳定收益的数字化场景让渡给运营商或者其他商业机构，从而为城市更新筹集更多的资金。

# 后　记

关于城市更新相关话题的研究始于很多年前对南京老城南片区的调查研究，在调查研究过程中我看到了老门东这样更新之后较为成功的案例，也看到了很多老旧小区居民生活空间依然狭窄的现象。于是，如何推动老城区通过城市更新实现城市品质提升与城市居民生活品质提升，成为我感兴趣的研究话题。

近年来，越来越多的城市管理者意识到新城区扩张受到了制约，不仅是因为城市人口规模增速不断放缓导致新城区人口不足，而且人们对通勤时间的忍受是有上限的，因此在旧城区实施城市更新活动非常重要。通过实施城市更新行动可以提升中心城区的人口承载力、改善旧城区城市居民的生活品质，有利于城市集约化发展。

城市更新对于学术界与业界来说，并不是一个陌生的话题，许多发达经济体在二战之后就开始城市更新相关工作，积累了一些经验。但是，我国各大城市进行城市更新过程中则面临了一些新的挑战。例如，土地性质限定对城市更新工作产生了新的影响；“单位制”消亡使得很多遗留下来的老旧家属区亟须改造；等等。因此，需要从我国经济发展的实际情况出发，就我国城市更新的相关政策进行梳理，就城市更新的典型案例进行剖析，从而为我国城市高质量发展提供建议。

当前呈现在各位读者面前的这本《城市更新：理论、政策与案例》就城市更新的概念内涵、主要难点、主要政策以及典型案例展开研究。

本书分为九个章节，分别围绕城市更新的概念、城市更新的相关政策、商业活动区域更新、城中村更新、生活区域更新、办公楼宇更新、工业生产区域更新、城市硅巷建设以及数字技术赋能城市更新等角度展开论述。书中不仅就部分城市的政策进行总结梳理，也对典型案例的经验进行了总结，适合从事城市研究的人员以及从事具体实务工作的人员阅读。

本书由我提出总体研究思路，经过多次讨论后最终形成研究框架，一些优秀的南大学子参与了本书的写作工作，具体的分工是：第一章（马骏、王也、於璐瑶）、第二章（罗洁、马骏）、第三章（马骏、章瑞欣）、第四章（马骏、於璐瑶）、第五章（马骏、闫梓暄）、第六章（马骏、崔周洲）、第七章（马骏、王也、章瑞欣）、第八章（马骏、吕程、崔周洲）、第九章（马骏、张若竹），周孝谦、蒋欣睿、张若竹参与了校对工作。本书最后由我进行统稿，感谢各位合作者的辛苦付出。

本书的写作得到了国务院学位委员会理论经济学学科评议组成员、教育部长江学者特聘教授、国家级教学名师沈坤荣教授的悉心指导。2016 年，我在向沈坤荣教授请教宏观经济问题时，沈教授提出我国城市发展方式转变需要注重提高存量土地使用效率，建议我开展相关研究。坦率地说，城市更新方面的研究往往偏重于现实案例，而这对于不在业界工作的我提出了挑战，在沈坤荣教授的鼓励与支持下，我尝试从产业变迁的角度思考城市更新问题，经过一段时间的研究后，这本书稿初具雏形。

在本书即将出版之际，我谨向所有在我写作过程中给予支持的各位师长与好友表示感谢。感谢南京大学出版社杨金荣老师、田甜编辑、薛莲花编辑对我个人研究工作一如既往的支持，感谢我的家人对我写作工作的支持。

**图书在版编目(CIP)数据**

城市更新：理论、政策与案例 / 马骏等著.
南京：南京大学出版社，2025. 1. -- ISBN 978 - 7 - 305 - 28312 - 3

Ⅰ. TU984.2

中国国家版本馆 CIP 数据核字第 2024GA4494 号

出版发行　南京大学出版社
社　　址　南京市汉口路 22 号　　　　邮　编　210093

**书　　名　城市更新：理论、政策与案例**
CHENGSHI GENGXIN：LILUN、ZHENGCE YU ANLI
著　　者　马　骏 等
责任编辑　田　甜

照　　排　南京紫藤制版印务中心
印　　刷　江苏凤凰数码印务有限公司
开　　本　718 mm×1000 mm　1/16　印张 16.75　字数 211 千
版　　次　2025 年 1 月第 1 版　2025 年 1 月第 1 次印刷
ISBN 978 - 7 - 305 - 28312 - 3
定　　价　68.00 元

网　　址：http://www.njupco.com
官方微博：http://weibo.com/njupco
官方微信：njupress
销售咨询：(025) 83594756